JN134216

Environmental Economics
and the Policy Design

環境経済学の政策デザイン

資源循環・低炭素・自然共生

細田衛士・大沼あゆみ 編著

慶應義塾大学出版会

はじめに

本書は、環境経済学の視点から、最新の環境政策について研究動向と政策評価を展開したものである。1973年に起こった第一次オイルショック、1987年の国連「環境と開発に関する世界委員会（ブルントラント委員会）」での報告書「我ら共有の未来（*Our Common Future*）」の公表、さらには1992年にブラジルのリオデジャネイロで開催され、気候変動条約と生物多様性条約が採択された第一回地球サミットを経て、世界は経済成長至上主義が資源と環境面で与える脅威を真剣に受け止め、環境と両立する新たな発展モデルを目指すことになった。今日では、持続可能な開発目標（SDGs）のような国際目標から、国や地域レベルでの政策目標まで環境改善は政策の重要な柱の1つとなっている。

こうした環境目標を政策の中にデザインする上で、環境経済学のアプローチは以前にも増して必要性が高まっている。

本書は、環境政策をめぐる議論の中で、世界でも主要な柱となっている、廃棄物・地球温暖化・生物多様性の各問題に関わる最新の政策課題を環境経済学から論じている。

第Ⅰ部は、廃棄物処理問題を中心とした資源循環政策を論じたものである。

第1章は、近年、EUによって提示されてきた「循環経済（Circular Economy）」を議論している。まず、循環経済がどのように定められているかを資源効率性などに言及しながら考察する。つぎに、拡大生産者責任（EPR）の発展と制度、さらに、循環経済構築にあたってEPRが果たす役割と今後の展開を議論している。

第2章は、産業廃棄物の不適正処理を考察している。産業廃棄物は、有害物質を含んでいるものが多く、適正に処理することが必要である。しかし、適正処理は費用がかかるため不法投棄のインセンティブが生じる。こうした問題にどのように対処すればいいのか、経済学的な処方箋と課題を分析している。

第3章は、一般廃棄物の使用済み製品のリサイクルを論じている。容器に代表される使用済み製品は、さまざまな制度や手段で回収され、リサイクルやリユースが行われてきた。効率的な回収とリサイクルのための処理システムを、回収ルートと排出者の行動への効果も考慮しながら考察している。

第Ⅱ部は地球温暖化に関わる政策を論じたものである。

第4章は、環境問題におけるイノベーションについて、地球温暖化緩和に関するイノベーションを中心に考察している。イノベーションと環境問題との関係、また、どのような政策によりイノベーションが促進されるのかを考察している。さらには、創出されたイノベーションの普及政策についても分析している。

第5章は、地球温暖化政策を評価するための統合評価モデル（IAM）について論じている。1990年代にノードハウスにより開発されたDICEモデル以降、マクロ経済と気候変動を組み合わせた動学モデルが数多く開発されてきたことを踏まえ、その役割と課題について議論を行っている。

第6章は、エネルギーの節約の観点から、産業部門の節電行動をもたらす電力料金体系について論じている。電力料金体系をリアルタイム料金にすることで、どのような効果が生じるのかを、電力使用行動の変化、経済厚生の改善の可能性、そして再分配効果に視点をあてて、ホノルルでのシミュレーションをもとに検証している。

第Ⅲ部は、国際的な観点から資源利用政策について論じている。

第7章は、天然資源に恵まれた国の経済発展は停滞するという「資源の呪い」についての議論を行っている。国家の資源依存度が、資源と腐敗、経済成長、軍事・公共支出、税率など政治経済的な要因とどのように関連しているかを説明し、さらに汚職を防ぐための現実の国際的取組を考察している。

第8章は、廃棄物の国際貿易を分析している。廃棄物貿易は国際資源循環を促進するものであるが、一方で、有害物質が輸入先に持ち込まれるという「汚染の輸出」が問題化されている。この国際資源循環に対し、既存研究では何が明らかになっているのかを整理するとともに残された課題を明らかにしている。

第Ⅳ部は、自然共生政策について分析している。

第9章は、生態系を防災・減災に活用するという Eco-DRR について論じている。従来のグレーインフラによる防災システムとグリーンインフラによる防災システムを経済学的に表しその差異を特徴づけ、さらに実際の費用便益評価を行うための枠組みを、生態系サービスの経済評価などを用いて紹介している。

第10章は、自然と共生する人々の環境倫理を、開発政策により森林伐採の脅威にさらされやすいマレーシア・サラワク州の熱帯林における先住民族に対するフィールドワークに基づき考察している。先住民族の価値観・世界観と環境の持続性の関連性を明らかにし、実際に環境保全活動がどうあるべきかを論じている。

本書は、細田衛士教授の慶應義塾大学のご退職を記念して出版するものである。細田教授は、1977年に慶應義塾大学経済学部を卒業され、79年に同大学院経済学研究科修士課程を修了後、博士課程在学中の80年に経済学部助手に就任されて以来、慶應義塾の研究・教育活動に対して大きく貢献された。本書は、学部の研究会あるいは大学院で細田教授が指導し、現在研究者として活躍している七名および学部・大学院で細田教授と共に環境経済学の教育・研究活動を行った大沼の論考を収めた。

本書の出版に当たって、慶應義塾大学出版会の永田透氏には大変お世話になった。本書は、慶應義塾経済学会の退職出版助成を受けている。記して感謝する。

2019年4月　　編者を代表して　　大沼あゆみ

目　次

第Ⅱ部　低炭素

第 I 部

循環経済とリサイクル

第1章

循環経済における拡大生産者責任の果たす役割

細田 衛士

1　はじめに

現在、地球温暖化対策とともに日本の環境政策の大きな柱としてあるのが循環経済の構築である[1]。資源の投入―生産―消費―廃棄という一方通行型の経済[2]から脱却し、資源を循環利用することによって天然資源を節約する一方、廃棄処分量をなるべく少なくする経済への移行を目指す目標として使われるのがこの「循環経済」という言葉である。

「循環経済（circular economy）」という概念は、「資源効率性（resource efficiency）」とともに、ここ20年くらいの間でEUによって提示された政策概念である。天然資源のピークアウトとともに埋立処分場（最終処分場）の残余容量の減少という状況を見据え、それに対応すべくいち早く政策概念作りを始め実行に移し始めたのがEUなのである。

しかしながら天然資源と埋立処分場の二重の資源制約はどの国でも多かれ少なかれ感じられていて、循環経済という概念は現在多くの先進国で共有さ

1　従来の日本の環境政策の用語としては「循環型社会」と呼ぶのが慣例であったが、今ではEUの影響を受けて「循環経済」という用語が用いられることが多い。本稿ではこの2つの用語を同じものとして扱う。後に述べる通り正確に言えば微妙な相違もあるが、ここでは本質的な影響がないのでこの差を無視する。

2　このような経済を「線形経済（linear economy）」と呼ぶことがある。しかしこの言葉は従来からある線形経済モデルと間違われる恐れがあるのでここでは用いない。

れるようになった。それは「富山物質循環フレームワーク」(2016年5月に開催されたG7サミットに先立って富山県で開かれたG7環境大臣会合において採択された）においても明確に示されている。

現在、循環経済は流行とも言える用語になってきたが、循環経済を実現するための核となる政策ツールは提案されていないように筆者には思われる。確かに、個別の品目に関するリサイクル法は各国で整備されつつあるものの、それを統合し資源の高度な循環利用を実現するツールを欠いていると思われるからである。

こうしたなか、「拡大生産者責任（Extended Producer Responsibility：略してEPR)」という政策概念が提案され実行に移されていて、廃棄物の発生回避と資源の循環利用に一定の成果を挙げている。当然循環経済作りに資するための手法となり得るものと考えられている。

しかし筆者の知る限り、循環経済作りにEPRがどのように活かされるのか、また2つの関係はいかなるものか論理的に精査した研究はほとんどない。循環経済とEPRは別々に提案された概念であって有機的関係が明らかでないことを考えると、これらがどう関わるのかについて吟味することが必要である。そこで、本稿ではEPRが循環経済構築とどのように関わりどのよう循環経済構築に貢献し得るのかについて検討を加えることにしたい。

本稿の構成であるが、次節で循環経済の定義および性質、資源効率性との関わり、そして日本とEUの間での概念規定の異同などについて述べる。第3節では、拡大生産者責任（EPR）の概念の発展と政策的展開について述べた後、それを支える制度的形態の説明を行う。併せて、循環経済構築にあたってEPRが果たす役割と今後の展開に対する展望を考える。第4節をもってまとめとする。

尚、ここで2つ触れておきたいことがある。1つは本稿のスタイルについてである。通常の学術論文の場合、まず先行研究を紹介し、当該論文が先行研究とどのような関わりを持ち、どのような点で研究のフロンティアを拡張しているのか説明するのが普通である。しかし、本稿ではそのようなスタイルをとらない。大きな理由は、その方が本稿の意図するところが明確になると考えたからであり、またより多くの読者に近づきやすいようになると判断したからである。この意図の下に各節において必要な限り関係論文・刊行物を紹介し、本稿がどのような点で従来の政策研究フロンティアを拡張し、循環経済構築において政策面でどのように貢献しようとしているか理解できるように配慮している。

もう1つは本稿の環境経済学における位置付けである。従来ならば、本稿の対象とするところは「廃棄物とリサイクルの経済学」とでも呼ばれるものである。しかし、本稿は筆者のこれまでの研究（例えば細田 2015；細田・山本 2015）の延長線上にあり、これまでよく見かけられた「廃棄物とリサイクルの経済学」を超え出たところにある。敢えて表現すると「資源循環型社会の環境経済分析」と呼ぶべきものである。廃棄物を通して今の経済を見直し、新しい経済のあり方を示すところにこの分析の重要性があると考えている。

2　循環経済の基本的概念設定

2-1　循環経済とは何か

循環経済（circular economy）とは、各種の資源[3]が効率的に利用されることによって廃棄物の発生が回避され、あるいは廃棄物が排出されてもリユースやリサイクルがなされるために、天然資源の投入量が節約されるとともに自然界へ排出される廃棄物の量が極限まで抑制されるような経済のことである（European Commission 2014c；d；2015a；b；c）。天然資源を収奪的に利用し、使用済み製品・部品・素材（以下、これらを静脈資源と呼ぶ）などをリユース・リサイクルなどすることなく廃棄するような経済、すなわち一方通行型経済とは180°異なった経済が循環経済なのである。

循環経済を理解するためには「廃棄物処理の優先順位」（waste hierarchy）

3　資源とは天然資源のみならず生産過程に投入されるあらゆる生産要素（2次資源も含む）のことである。

について説明しておくのが便利である。廃棄物処理の優先順位とは、廃棄物を処理・処分するときに原則的に与えられる優先順位のことで、（1）発生回避、（2）リユース、（3）リサイクル、（4）熱等の回収、（5）適正処理・処分、という順序になる[4]。この順位は直感的には受け入れやすいが、問題がないわけではない。リユースやリサイクルを厳密に定義しようとすると困難に直面することがあるからである。通常、製品・部品などを素材レベルに戻すことなく再び使用することをリユース、素材レベルまで戻して再び利用することをリサイクルとして区別するが、それでは自動車のリビルト部品はリユースなのかリサイクルなのかよくわからない。また、リユース製品にもリサイクル素材が用いられることもあり、この場合リユースとリサイクルの境界が判然としなくなる。

この他、リユースやリサイクルと区別して、リファービッシュ（refurbish）やリマニュファクチャリング（remanufacturing）、アップサイクル（upcycle）などという概念が用いられることがある。リファービッシュとは使用済み製品や故障した製品を新製品と同様な状態に戻すことである。リマニュファクチャリングもほぼ同様の概念と考えてよいだろう。これに対してアップサイクルとは使用済み製品・部品・素材を元の状態よりも質の高いもの、あるいは付加価値の高いものに作り上げることを言う。

こうした言葉もリユースやリサイクルなどのなかに位置付けられるのかもしれないが、あまり分類学にこだわっても循環経済構築にとって有用な結果は得られない。廃棄物処理の優先順位を語るときにはあまりに厳密になり過ぎると混乱が生じるだけである。上に廃棄物処理の優先順位の定義を述べたとき、「原則的に」という条件を付したのもそのような理由からである。

廃棄物処理の優先順位は日本でよく用いるリデュース・リユース・リサイクルという概念と近似している。リデュースは発生回避を意味し、リサイクルは素材のリサイクルと熱等の回収を含み、さらに適正処理・処分はそもそ

4　“Reuse”の代わりに“Preparing for reuse”という言葉が用いられる場合もあるが、本稿では単にリユースという言葉を当てておく。

も前提条件と考えると両者はほぼ同じものとみなすことも可能である。

廃棄物処理の優先順位を説明すると、循環経済がこの原則に従って構築されるということがわかる。循環経済は資源の高度な循環利用を目指した経済ではあるが、まず最初に資源の節約的利用に重点が置かれ、廃棄物の発生回避が第一の優先課題となる。発生回避が前提になって、その後にリユースやリサイクルといった手法が位置付けられるのである。

廃棄物の優先順位に従って循環経済を構築するのはEUでも日本でも同じことだが、個別の品目ごとに資源の高度な循環利用を考えるとき原則通りにはことは動かないことに留意する必要がある。これにはいくつかの理由がある。最も大きな理由は、個別品目ごとに資源の高度な循環利用を考えるとき、その境界条件[5]を考慮する必要があるということである。境界条件の取り方によって「最適解」は当然変わる。境界条件を無視して最適解を考えることはできない。EUの文献を読んでいても、境界条件が明示されないまま「社会的最適性」を求めるというような記述が散見されるが、これは混乱を起こす原因になり得る[6]。

次のような例を考えてみよう。資源の高度な循環利用にはエネルギーの利用も伴う。であるから、エネルギー収支という条件を考えずして廃棄物処理の順序を決めると他の問題（エネルギー問題）が生じてしまう可能性がある。資源循環の問題解決がエネルギー節約に反してしまうような場合もあるからである。また経済や産業の構造、社会構造、文化や伝統なども境界条件を形成し得る。これらを無視して廃棄物処理の優先順位を追求しても理論的には可能ではあるが、現実には実行不可能であるということも生じ得る。

このように、循環経済構築の最適解は境界条件をどのように設定するかによって大きく変わるのであり、境界条件の設定をまず明示化することが必要である。ただ、境界条件の設定には異なる問題の重み付けなども伴い、人に

5　ここでいう境界条件とは数学の制御理論で用いるような厳密な意味ではなく、問題の解法を考える上で必要になる所与の条件というくらいにゆるく捉えておく。

6　例えば、European Commission（2014d）などでは最適化（optimize）という用語が繰り返し出てくるが、境界条件はおろか目的関数さえ示されていない。

よって設定の仕方が異なることが多い。問題が紛糾する所以である。重要な論点なので１つの例を挙げて示そう。

何らかの理由でリユースできない廃棄物をリサイクルするか焼却処理するかという問題を考えてみよう[7]。例えば汚れや破損の激しい弁当ガラがその例である。仮に輸送問題を考えないとしたら、先の優先順位に従えばリサイクルが採用される。しかしリサイクルは焼却処理と比べたとき、資源を節約できる一方エネルギーをより多く消費する可能性がある。エネルギー節約という境界条件を考慮しなければ廃棄物処理の優先順位通りになるが、考慮すると焼却処理が優先されるかもしれない。

また当該廃棄物の発生地点近くにリサイクルプラントがない場合、エネルギーと費用をかけて収集運搬して遠くのリサイクルプラントでリサイクルするよりも近くの焼却施設で適正に焼却して熱回収した方がエネルギー節約、経済性の両面で効率的だろう[8]。当然のことながら経済性も廃棄物処理の優先順位を考えるとき重要な条件になる。

このように、資源の高度な循環利用を考えるといっても、その境界条件設定をどうするかが枢要な論点になるのであって、境界条件の設定の仕方いかんによって優先順位は変わり得るのである。このことは、循環経済の構築の原則として廃棄物処理の優先順位を置く場合、伸縮的に考える必要のあることを示している。技術、法制度、経済条件、時間の取り方などによって境界条件の設定は影響を受ける可能性があるからであり、それによって求める解も変わってしまうからである。

2-2　循環経済と資源効率性

循環経済を考えるときに欠かせない概念が資源効率性（resource efficiency）である。資源効率性という概念は循環経済という概念と同様に、また有機的

7　「何らかの理由でリユースできない」という表現に既に境界条件の問題が入り込んでいるが、ここではこの問題を問わない。話が複雑になるだけだからである。

8　もちろん、条件によってはリサイクルの方が焼却処理より効率的になる場合も十分ある。

に関連する概念としてEUによって提示されてきた。2つの概念は密接に関連していることは、資源効率性という言葉が「富山物質循環フレームワーク」の文章の中に繰り返し出てくることからも理解できる。

しかしながら極めて興味深いことに、筆者の知るところ、資源効率性という概念が明示的にしかも厳密に定義されている文献はない。例えば、資源効率性に関する初期の報告書であるEuropean Commission（2011a；2011b；2012；2014a）を読んでも明示的な定義は出てこない。European Commission（2017）を見てもわずかに、

「資源効率性とは、環境に対する負荷を最小限にしつつ、持続可能な方法で地球の限られた資源を利用することを意味する。これによって、我々はより少ない資源でより多くを、より少ない投入でより大きな価値を生み出すことができるようになる。」（筆者訳）

とあるだけで、これでは定義としてあまりにも漠然としすぎている。

これまでのEUによって刊行された資源効率性に関する文章から総合すると、次のように解釈することができる。すなわち、人間が生産活動に利用している自然環境からの多様な資源、例えばエネルギー、生態系サービス、生物多様性、鉱物資源及び金属類、水資源、大気、土地及び土壌、海洋資源などの資源投入に対する生産物（あるいは付加価値）の生産性を資源効率性と呼ぶのである（European Commission 2011b）。

ここで注目すべきは資源効率性を規定する要素が多次元であるということである。以上に挙げた8つの要素をx_i（$i=1, 2, \cdots, 8$）と記すならば、資源効率性は$x=$（$x_1, x_2, \cdots, x_8$）なるベクトルで示されることになる[9]。

ここで3つの点に注意したい。まず、既に述べた通り、資源効率性の向上と循環経済が密接に関わっていて、EUの刊行文献等（例えばEuropean Com-

9　EUの文献ではこのようなベクトルの形で定式化されているわけではないが、敢えて定式化するとこのような形にならざるを得ない。

mission 2015a）を読んでいると、資源効率性の向上が循環経済の目的とも取れるように見える点である[10]。つまり循環経済の構築によって資源効率性の向上が図られる、と取れるのである。一方、資源効率性の向上によって循環経済の構築が促進されるとも解釈できる。というのは、資源効率性の向上には２次資源も含めた資源の循環利用が不可欠だからである。一方通行型経済では資源効率性が向上しないことは明らかである。この解釈が正しいのであれば、循環経済と資源効率性は双方向的な影響を与え合う概念と見ることができる。

２点目は、これとは若干の矛盾を孕み得る考え方だが、資源効率性を循環経済構築のための境界条件と考えることも可能である、ということである。すなわち与えられたいくつかの資源効率性指標 x_i^0 に対し $x_i \leq x_i^0$ という制約に服しながら資源のより高度な循環利用を図るようにするという考え方である。この考え方では、いくつかの資源効率性要素が循環経済構築の制約条件として働いていることになる。

一方、当然ある資源効率性要素の指標は循環経済の目標指標ともなり得る。実際、日本の循環基本計画では「資源生産性（resource productivity）」が循環型社会（循環経済）構築のための指標の１つとして選ばれているということからもそれはわかる[11]。先に例として示したベクトル x で言うと、資源生産性を示すある要素 x_i に関しては循環型社会の目的指標であるが、そのほかの要素 x_j については制約条件になっているとも解釈できる。資源生産性を高めることは２次資源の利用促進を意味し、循環経済の構築に資するから、この目標設定は理にかなっていると言えよう。

さて、循環経済と資源効率性の関係に関する上の２つの捉え方は矛盾するようにも見えるが、必ずしもそうではない。時間の取り方によって循環経済と資源効率性の関係が変わるからである。短期的に循環経済を構築する観点

10 「富山物質循環フレームワーク」を読んでいてもそのように解釈できる。

11 その他の指標として、循環利用率（＝循環資源投入量/（天然資源投入量＋循環資源投入量））および最終処分量（埋立処分量）がある。資源生産性と資源効率性の概念は異なることに注意が必要である。

からすると、資源効率性のいくつかの要素は制約条件として働くかもしれない。限られた時間内で資源効率性を変えることが難しい場合が多いからである。一方、より時間を長く取ると資源効率性自体が変化し得るから、これも部分的に変数として捉えることができ、循環経済と資源効率性が調和するように社会経済システムを構築する可能性がある。

3点目は、ベクトル x の要素である x_i 自体が多次元である可能性があるということである。例えばエネルギーに関する効率性といっても、それが化石燃料に関する効率性なのか自然エネルギーに関する効率性なのかによって指標が異なるから、エネルギー効率性も複数の次元からなるということになる。多かれ少なかれこれは他の資源にも言えることだから、資源効率性指標は極めて高次の次元からなると考えなければならない。

このことは、資源効率性の指標を定義することそして比較することが非常に難しいことを意味する。極めて高次の次元からなるベクトルを実際に定義することそれ自体が難しいであろうし、より低い次元のベクトルに落とし込むとしてもその場合には重み付けが必要であり、恣意性が生じてしまう。また低い次元のベクトルに落とし込めたとしても、2つの異なったベクトルには順序付けられないこともあるから、資源効率性の指標を比較することができなくなってしまう。

直感的には理解できるように思えても厳密に理解しようとすると暗礁に乗り上げるのが資源効率性という概念なのである。日本では資源効率性の代替指標として資源生産性が用いられている。資源生産性とは総天然資源投入重量当たりのGDPの額である。異なった質の天然資源を重量という1つの指標（1次元の指標）に落とし込むのであるから極めて乱暴なやり方ではあるが、それ以外に指標化する方法がこれまで見当たらないからやむを得ないという他ない。

2-3　日本とEUの循環経済政策スタンスの相違

循環経済（あるいは循環型社会）という政策概念は日本とEUとで共有されている概念であるが、概念が明示的に提示され法制化されたのは日本の方が早い。EUが政策概念として循環経済パッケージ（Circular Economy Package、以下、CEパッケージと略す）を提示したのは2015年であるが、日本が循環型社会形成推進基本法（以下、循環基本法と略す）を成立させたのは2000年である[12]。

もとよりEUのCEパッケージと日本の循環基本法の構造および内容には相違があるが、資源の高度な循環利用の概念を日本が既に2000年に法律で定めている点は注目に値する。日本の環境対策はEUに比べて遅れていると思われがちだが、必ずしもそうとばかりは言えない。

ここで後の議論との関連で、ごく簡単にEUの循環経済政策と日本の循環政策の相違について見ておこう。実際の循環経済政策を実施するとき、この相違に留意しないわけにはいかないからである。

日本とEUとの循環経済政策の最大の相違は、後者がEU指令[13]をまず策定し、この指令の内容を実現すべく政策の実施（法制化）を加盟国に求め、それに従って各国が法制化を図り循環経済政策を実施する点にある。各国はEUの循環経済の基本思想に従いつつも、各国の実情に合わせて法制化することができる。これはEUの成り立ちからいって当然のことなのだが、加盟国には一定の自由度が与えられるという点は注目に値する。

しかし、筆者にとってEUの政策の最大のメリットであると思われるのは、指令を立案・構築する段階でEUが政策概念設定の基本思想を提示できるという点である。EUが次々と刊行した文献（例えばEuropean Commission 2011a；b；2012；2014a；b；c；d；2015a；b；cなど）を読むと、そこにはなぜ循環経済構築や資源効率性の向上が必要なのか、そのメリットはどこにあるのか、循環経済政策実施によってどのような効果があるのか、など指令を出す背景や根拠が明確に示されている。

これに対して、日本の循環経済政策の策定過程では、そのような制度設計の基本思想が示されることはほとんどない。確かに循環政策に関わる個別の

12　EUのCEパッケージの成立過程の簡単な説明に関しては細田・山本（2016）を参照。

13　EU委員会が加盟国に対してある目標を達成するように求めるもので、これに従って加盟国は国内法を整備する必要がある。

法律の必要性については法制化の過程で示されることがあるが、それは必要最小限に抑制されていて、基本思想と呼ぶことまでは言えない。もとより、循環経済に関わる法律、例えば循環基本法や個別リサイクル法全体を眺めてみると、その背後に基本的な考え方があることが推察されるが、EU のように明示的ではない。

この相違が決定的に現れるのが、循環経済政策の持つ経済的な意味合いである。EU の政策には循環経済政策の「経済」の持つ意味が明確に現れるが、日本の場合はそれほど明確には現れておらず、「経済政策」という意味合いはほとんどない。日本では「循環型社会」という言葉が表す通り、「経済」についてはあまり触れられていないのが現実である[14]。

誰もが気づく通り、EU の循環経済政策は資源の高度な循環利用を実現するための政策であるが、一方経済を活性化させる、あるいは新しい経済を作り上げるための政策としても考えられている。実際、循環経済に関わる EU の諸文献では、一方通行型経済から循環経済に移行することによって経済の競争力は増すことによって経済成長率は高まる一方、雇用も増加すると楽観的な見通しを述べている（例えば、European Commission 2012；2015a；b など）。

このように EU の循環経済政策においては経済と環境のウィンウィンの発想が明確に現れているところに大きな特徴がある。あるいは EU の循環経済政策には新しい経済社会の構築の意欲が現れているとも解釈できるだろう。

但し問題がないわけではない。それは、なぜ経済と環境がウィンウィンの関係になるか経済理論的根拠が何も示されていないということである。一方通行型経済から循環経済に移行することによって、経済成長率は上昇し雇用は増えると言うが、なぜそうなるのだろうか。経済成長率が上がり、雇用が増加するためには有効需要が一方通行型経済と比べてより大きくならなければならない。しかしそのような移行が行われたからと言って有効需要が増加する理由は、少なくともマクロ経済学的観点からあるとは思えない。マクロ

14　一方、日本の循環型社会構築に関わる政策では、地域社会を含めた社会的側面が捉えられている。この側面は EU の政策概念の中にはあまり反映されていないように思われる。

経済学以外の原理で何らかの理由が考えられているのかもしれないが、それは明確に表現されていない。

確かに循環経済に移行することによって循環型ビジネスが増え、このビジネスでの雇用は増えるかもしれないが、従来型のビジネスの雇用は減少するかもしれない。有効需要の増加がなければ、いわばクラウディングアウト的な効果が働く可能性が十分あるのであり、その場合循環型のビジネスで需要が増えても従来型のビジネスでは需要が減り、需要の増加分は相殺されてしまう。

そもそも一方通行型経済から循環経済に移行するだけで有効需要が増え経済成長率が上がるとしたら、資本主義経済ではそのような移行が自動的に起きるはずである。有効需要の増加や経済成長率の上昇には通常付加価値の増加が伴うはずであり、それは市場経済メカニズムの調整機能によって実現されるはずだからである。

もし仮に一方通行型経済から循環経済への移行によって有効需要が増えると仮定して、市場経済でその移行が起きない、あるいは起きにくいとしたらそこにはどのような理由があるだろうか。この点に関して、1つ興味深い指摘がEU（European Commission 2014d, pp. 11–14）によってなされている[15]。

一方通行型経済から循環経済への移行には乗り越えるべき障壁があり、政策的対応がなされないと自動的にそのような移行はできないと言うのである。例えば、資源の高度な循環利用を達成するためには効率的な静脈物流が形成される必要がある。しかし疎に発生する静脈資源に関する情報がなければ効率的な収集運搬はできないわけであり、静脈資源に関する情報の偏在という問題は循環経済への移行にとって障害となる。また、日本の廃棄物の処理及び清掃に関する法律（以下、廃棄物処理法と略す）の場合、資源の循環利用を考えて作った法律ではないため、循環経済移行への妨げとなっている恐れがある。

以上見た通り、一方通行型経済から循環経済への移行にとって障害となる

15　その他、European Commission（2015a；c）なども参照。

要因は確かにある。また上にあげた要因以外にもそのような移行を妨げる障害はあるだろう。一つひとつこうした障害を取り除くことによって循環経済への移行の可能性は高まり、資源の循環利用は高まるに違いない。しかし、だからと言ってこの移行によって経済成長率が上昇し雇用量が増加すると主張するのは乱暴であり、もう少し説得的な経済理論的根拠が必要である。

3　EPRと循環経済

本節では、循環経済構築のためにEPRがどのように関わり、どのような役割を果たすのかについて考察を加える。最初に述べた通り、循環経済とEPRの関係は自明なように解釈されている向きも見られるが、実際明らかなことではない。そこで、2つの政策概念の関係性について筆者なりの見解を示すことにしたい。

3-1　EPRの発展の経緯

EPRはヨーロッパを中心として1990年代には既に研究者や政策担当者によって探求の対象となり始めていた。当時ヨーロッパの諸国では日本と同様廃棄物が社会問題化し、効率的な廃棄物の処理・リサイクルが社会の関心の対象となったのである。それまで都市廃棄物の処理・リサイクルは通常どこの国でも公共のサービスによって行われていたが、このような処理の方法について再検討が迫られたわけである[16]。

この段階で、研究者側からのEPRに関する研究の集大成はLindhqvist (2000) である。Lindhqvistは廃棄物の処理・リサイクルを狭い意味での廃棄物の処理問題とは考えず、経済・社会・法制度など広い視野の下に問題を取り上げ、EPRを資源の循環利用のための政策概念として提示した。EPRを所有権の問題として基礎付けるなど、社会経済的な洞察の深さをうかがわせ

16 「都市廃棄物」は日本で言う「一般廃棄物」に相当するが、2つの定義の間には若干の相違がある。

るものがある。

こうした研究と並行して、また同期する形で行政担当者の側もEPRを政策研究の対象とした。政策研究であるために、Lindhqvist等の研究と比べて理論的な吟味検討は弱いものの確実に将来の政策提言につながる動きを始めていた。例えば、OECD（1996；1998）など段階を踏んで実現可能な政策概念を築き上げていた。2001年、それはOECD（2001）として結実する。その表題の通り、これは各国政府が廃棄物の発生回避、効率的な廃棄物の処理・リサイクルさらには資源の高度な循環利用を促進するための実現可能な手法としてEPRを提示している。

研究者の側からの研究であれ行政の側からの研究であれ、共通しているのはそれらが使用済み容器包装類などの処理・リサイクル（リユースも含む）の実証的研究から始まっているということである。1990年代になると多くの国々で容器包装類の処理が深刻化したということを背景に、それに対してどのように対処すべきかが真剣に議論されるようになったのである。

さてこうした研究成果の提示・発表以降、OECD加盟国を中心にEPRが導入される運びとなった。しかしEPRを導入するといっても、それは既存の経済社会構造を前提として導入されるのであり、特に従来からあった廃棄物処理関係の法律を無視して導入されるわけにもいかない。これが意味することは、EPRの導入・実施のされ方は、国や産業構造、EPRの対象となる製品の属性などによって大きく異なるということである（European Commission-DG Environment 2014）。

問題の核心は、いかに廃棄物の発生回避を促すとともに、廃棄物の処理・リサイクルを効率的に行い、資源の高度な循環利用を促進するかということにあるのであって、EPRはそのための政策概念に過ぎない。であるから、EPRの導入・実施のされかたにバラエティがあって当然で、EPRの概念を実現するための手法は多様であって当然なのである。

2016年、OECDはガイダンスマニュアルを改訂した（OECD 2016）。改訂ガイダンスマニュアルは、2001年のガイダンスマニュアル公刊以来多様な形で各国に導入されたEPRの事例研究を基盤として、EPRを資源の高度な循環利用のための政策手法として理論化・概念設定した[17]。同時にEPRの課題が明らかにされ、どのような方向で課題が克服され得るのか見通しが示されている。とりわけEPRと競争の調和問題やEPRによる環境配慮設計の促進効果の問題には議論の大きな進歩が見られた[18]。

このようにEPRという政策概念が洗練されより明確化されたことは事実であるが、筆者の目からどうしても納得のいかない点が1つ残っている。それはEPRをPPP（Polluter Pays Principle：略してPPP、汚染者支払い原則）の延長として考えている点である（Lindhqvist 2000；OECD 2001；2016）。少なくとも経済理論的な目からするとこれは奇妙である。それを説明しよう。

PPPは1972年にOECDによって提示された政策概念で、簡単化して表現すると、公害防止のための費用は潜在汚染者の第一次的な支払いによってなされるべきであるとするものである（OECD 1992）。つまり、公害防止すなわち公害被害の抑止に関わる費用は、通常の費用と同様、生産者の支払いによってなされるべきものであり、補助金などによって支払われるべきものではないということである。これは経済学でいう外部不経済の内部化の理論と軌を一にする。現にOECDのPPPに関する議論では徹底して外部不経済論を基盤としている。

しかしながら、EPRによって都市廃棄物の処理費用を生産者に支払わせることは上の意味での外部不経済の内部化とは一切関係ない。外部不経済とは、市場取引を経由せずに不効用を与えたり生産に負の影響を与えたりすることであるが、廃棄物処理・リサイクルの場合、不法投棄や不適正処理を除けば、上の意味での外部不経済は発生していないからである[19]。外部不経済の有無とは関係することなく、EPRは廃棄物の発生回避を促進し、効率的な廃棄物処理・リサイクルに貢献し、資源の高度な循環利用に資するので

17　どのようにEPRの議論が進展したかについては細田（2018）を参照。また、廃棄物資源循環学会（2018）なども参照。

18　この点については細田（2018）を参照。

19　もとより、不法投棄や不適正処理がある場合、ピグー的な意味での外部不経済が生じる。しかしこの場合の外部不経済の内部化はEPRの本質的な論点ではない。

あって、ここには本来のPPPの入る余地はない。むしろ情報の非対称性や取引費用の存在による市場の機能不全の問題解決の手法としてEPRを基礎付けるべきであろう（細田 2015）。

3-2 EPRを支える制度：ハードローとソフトロー

2001年のガイダンスマニュアル公刊以来、EPRは多くの国に導入され実施された。無制約の市場経済ではEPRは自動的に導入されることはないから、何らかの政策的対応が必要である。財政的（金銭的）だろうと物理的（管理運営的）だろうとEPRが課せられれば一時的に（あるいは短期的に）生産者の費用支払いは増加するから生産者が自主的にEPRを採用する可能性は小さい[20]。であるから、現実には政府による法制化によってEPRが導入される場合がほとんどであると考えられる。

既に述べた通り、EPRの導入に際してEUではまずEU議会でEU指令が採択され、その下に加盟各国が法制化をするという方法をとる。各国の法制化のあり方は様々であっても、EPRの基本概念すなわち生産者が使用済みの段階まで当該生産物に対して財政的（金銭的）あるいは物理的（管理運営的）責任を果たすという基本概念は踏襲される。

日本ではEU指令に相当するものがないから、単に循環基本法や個別リサイクル法などの立法を通じてEPRの概念を提示し実施することになる。自動車リサイクル法や家電リサイクル法などには適用のされ方に違いはあるもののEPRが採用されている。

EU型にせよ日本型にせよ基本的には国による法制化すなわちハードローの制定によってEPRを実現しようとしている点は共通している。ここでハードローとは、国による強制的執行力を伴った法規範のことである。

これに対し、アメリカでは連邦レベルでEPRを実施するためのハードローが見当たらない。しかしEPRが全く適用されていないかというとそうでも

---

20 後で述べるようにその可能性はゼロではない。この「可能性」は現実的には極めて重要な可能性である。

ない。市場取引の枠内で実現されているのである。例えば、プロダクト・スチュワードシップという民間の制度がそれで、生産者の責任の下、生産から製品が使用済みになる段階まで生産者が環境負荷を考慮し、環境保全に資するような形で製品作りをすることが求められている。通常のEPRのように法律（ハードロー）によって求められることはないが、社会的規範の下に民間のイニシアティブで責任を遂行することが想定されている。

これにやはり民間の取り組みであるR2（Responsible Recycling）[21]が付加されると、生産物連鎖上での製品フローの制御が可能になり、筆者が生産物連鎖制御（Product Chain Control）と呼んでいるものが可能になる。これも一種のEPRの実現である（細田 2015)。ハードローではなくソフトローにしたがって生産者責任を遂行するところに、こうした取り組みの最大の特徴がある。

日本でもハードローの導入なくEPRが導入されているという意味でこれと似たような制度がある。例えば、使用済みの自動二輪や小型プレジャーボートのリサイクルシステムがそれである。自動二輪生産者や舟艇工業会のスチュワードシップの下、適正な処理・リサイクルがなされている。またハードローである自動車リサイクル法は、ソフトローである「自動車リサイクル・イニシアチブ」を基にして作られている法律であることは注目に値する（細田 2001）[22]。

このように、ハードローとは異なり、国の強制的執行力が伴わなくても社会的規範や商道徳などに基づいて経済主体を制約する非法規範のことをソフトローと呼ぶ。ソフトローには、国の強制的執行力がないため拘束力が弱いという弱点はあるものの、強い社会的規範や社会的プレッシャーの下では主体の行動を大きく制約する一方、企業の自主性を生かしながら意図した方向に企業を誘導できるという長所がある。

21　アメリカ環境保護庁によって推進された制度で、使用済みの電気・電子機器を対象として、環境保全対応に対する認証を与えている。

22　但し、これらについてはR2のような認証の仕組みはない。

3-3　循環経済構築における EPR の役割

EPR は政策概念としては循環経済や資源効率性とは独立に発展してきた。もちろん、Lindhqvist（2000）や OECD（2001）には資源の循環利用における EPR の役割が言及されているから、その意味ではこれらは無関係ではあり得ない。しかし、各国で採用され得る「政策概念」としては一応独立に発展してきたものと見るべきである。

実際、循環経済構築を論じるときに多くの場合 EPR への言及が見られるのだが（例えば、European Commission 2014a, p. 2 や European Commission 2014d, p. 12 など）、EPR がどのように機能し、どのように生かされることによって資源の高度な循環利用が可能になり、それによっていかに循環経済が構築されるのか具体的に記述されることはほとんどない。たかだか、EPR によって生産物連鎖上で生産者に環境配慮設計を促す影響が与えられ、またライフサイクルにわたっての生産物管理を行う動機が与えられるという短い記述が見られる程度で、議論は直感的で精査されたものとはとても言えない[23]。

それでは EPR は循環経済の中にどのように位置付けられるのだろうか。筆者はその鍵はやはり循環経済に関わる EU の文書の中に見出されると思っている。文書の著者たちによって恐らく自覚されていないのだが、EPR を生かす鍵が隠されていると思われるのである。少し長くなるが該当すると思われる文章を訳出したい。

［循環経済では］価値連鎖（value chain）上で上流と下流の意思決定がより円滑に接合されることによって、生産者・投資家・流通業者・消費者・リサイクル事業者といった主体の間で一貫した動機付けがなされ、費用と便益の公正な配分が保証される。そして資源の最も効率的な配分と利用を保証するために市場メカニズムが機能する必要がある。市場の失敗や新機軸（innovation）の隘路があるような場合には、対処されなければならない

23　事実、OECD（2016）では当初想定されたほどの環境配慮設計効果が EPR には見られないという指摘がある。

(European Commission 2014c, p. 7) [24]。

上の文章は筆者流に意訳して表現すると、生産物連鎖（product chain）上で関係各主体の行動が廃棄物の発生回避および資源の高度な循環利用を促すようにモノ（この場合グッズおよびバッズの双方）のフローが制御されるということである。そして一旦このフロー制御がなされたらあとは市場メカニズムに委ねてよいということであり、これは筆者が生産物連鎖制御（Product Chain Control）と呼んできたものに他ならない（細田 2015)。このような解釈が許されるとすると、生産物連鎖制御を生産物ごとに組み立てることによって循環経済の構築が可能になるということになる。

既に明確だと思うが、上の引用文で主張されていること、すなわち生産物連鎖制御を可能にするためには、EPR の導入が必要である。生産者が生産物連鎖の下流における活動と全く無関係に製品作りを行なった場合、いくら下流で努力しても資源の高度な循環利用は覚束ないことは明らかである。EPR は生産物連鎖制御の枢要なコーナーストンとなる。しかし、EPR は生産物連載制御のための必要条件ではあっても十分条件ではないことに留意する必要がある。

生産者が EPR を果たそうと思っても、当該生産物の使用済み段階で排出者や収集運搬業・処理リサイクル事業者などが EPR の目的に沿わないような行動をしたならば、EPR の狙いは達成されない。例を挙げて考えてみれば明らかである。

例えば、容器包装類の特定事業者がリサイクルしやすい容器包装に転換しても、排出者が分別排出しなかったり汚れたままの状態で排出したりした場合、生産者の努力は報われず資源の高度な循環利用は妨げられる。使用済み容器包装の収集運搬段階で発展途上国に流出してしまう場合などもそうである。どちらの場合も EPR の意図は実現しない。

また、例えば EPR によって自動車メーカーが解体容易設計を行ったとし

24　[　] の中は文脈から筆者が補った。

ても、解体段階でこれを無視した解体処理がなされた場合、質の高い解体や再資源化は実現しない。解体事業者が的確な解体・リサイクルを行って初めて解体容易設計の意図が実現する。であるからこそ、自動車リサイクル法のベースとなった「使用済み自動車リサイクルイニシアティブ」では、関係各主体の連携がうたわれているのである（細田 2001；自動車リサイクル促進センター 2013）。

以上のことをまとめると次のようになる。生産物連鎖制御を確実なものとし、それによって資源の高度な循環利用を可能にするためには、生産物連鎖上で関係各主体の然るべき責任が接合されなければならないということである。より具体的に言うと、生産者の責任（EPR）、排出者の責任、収集運搬事業者の責任そして処理・リサイクル事業者の責任が、資源の高度な循環利用に向けて一貫した形で接合されなければならないのである。

それではどのようにすれば関係各主体の責任の接合が可能になるのだろうか。それは既に述べてきたことだが、ハードローとソフトローの円滑なインターフェースを作り上げることによって可能になると考えられる。従来は、主にハードローに頼って生産物連鎖制御を的確に行い、資源の高度な循環利用を促進する手立てが考えられてきた。これは日本・EU で共通している。しかしそのときでさえ、日本の自動車リサイクル法のようにハードローがソフトローを下敷きにしてできているという点は強調に値する。また、使用済み自動二輪や小型船舶のようにソフトローのみによってリサイクルが行われている場合もあることにも留意したい

3-4　制度的インフラストラクチャー構築に際しての問題点

筆者は、ハードローとソフトローを合わせて作り上がったシステムのことを制度的インフラストラクチャーと呼んでいる（細田 2015）。制度的インフラストラクチャーが上手く設計され社会経済活動を支える仕組みとして実現してこそ、市場経済のみでは成し得ないことが達成され、人々の経済厚生の向上に貢献するのである。矢野（2005）のいう「市場の質」が高まるわけである[25]。

循環経済構築の文脈に即して言うと、市場メカニズムの長所を利用しつつも円滑で一貫した生産物連鎖制御を可能にする制度的インフラストラクチャーが組み込まれることによって、目指すべき循環経済の構築が可能になるのである。事実ハードローである日本の循環法体系とソフトローである民間部門の社会規範（業界の行動規範・自主的取り組みやCSR、CSVなど）が上手く組み合わさっているがゆえに日本の資源の循環利用の高度化が進んでいると考えられる。アメリカのプロダクト・スチュワードシップもその良い例である。

とすると循環経済構築にあたっては制度的インフラストラクチャーをどのように設計するかが重要な課題となる。特にハードローとソフトローとの関係次第によっては生産物連鎖制御の成果が異なってくるため、両者の有機的関連性が鍵となってくる。既に例として触れた日本の自動車リサイクル法の場合、ソフトローである使用済み自動車リサイクルイニシアティブを基盤として自動車リサイクル法が設計され、両者のインターフェースは適合的なものとなっている。このため、制度的インフラストラクチャーとしては矛盾がなく全体が調和していて、生産物連鎖制御は円滑で一貫したものとなっている。自動車リサイクル法の下での使用済み自動車のリサイクルが優れた結果を出しているのもこのためである[26]。

しかしながら、現在の日本の資源循環に関する制度的インフラストラクチャーが、円滑で一貫した生産物連鎖制御を実現するように設計されているかと言うとそうではない。ここには１つの大きな問題がある。それはハードローとソフトローの間の整合性に関わる問題である。

日本の循環関連法（ハードロー）はその核に廃棄物処理法があるが、この法律はその名の通り元々廃棄物を保健衛生的観点からいかに効率的に処理す

25　ごく簡単に説明すると、市場の質とは取引が公正であり、騙しや詐欺まがいの行為の付け入るスキのないような市場のことを言う。

26　使用済み自動車リサイクルイニシアティブの下で設定された使用済み自動車の目標リサイクル率は2015年までに95％であったが、これは実現された。現在のリサイクル率は99％である（経済産業省製造産業局自動車課自動車リサイクル室 2016)。

るかを目的に作られたものであり、資源の高度な循環利用を実現するために作られたものではない。であるから、ソフトローの力を借りて資源の高度な循環利用のための生産物連鎖制御を実行しようとすると軋轢が生じる恐れもある。

もとより、同法も改正が重ねられることによって資源の循環利用の考え方も反映されるようになった。例えば、資源の高度な循環利用を促進するための制度として広域認定制度や再生利用認定制度などが同法の下にあり、資源の循環利用のための配慮がなされている。ただ、これはあくまでも廃棄物処理法の例外的扱いであり、後で示すように必ずしも資源の高度な循環利用のための制度として使い勝手の良いものとはなっていない。また、循環基本法や個別製品等のリサイクル法も整備されるようになったが、これらはすべて廃棄物処理法とのインターフェースを考慮して作られていて、資源の高度な循環利用にとって妨げとなる面がないとは言えない[27]。

つまりEPRを実行し円滑で一貫した生産物連鎖を実現するのにハードローとソフトローの間にまだ不調和があると考えられるのである。例をもって考えてみよう。

大手IT機器メーカーK社は自社の生産したパーソナルコンピュータやスマートホンなどのIT機器を自ら回収しリサイクルする仕組み作りを世界で考えている。生産者責任によるクローズド・ループ・リサイクルであり、究極の生産物連鎖制御とも言えよう。これは企業の高邁な社会規範の下でなされる生産物連鎖制御であり、まさにソフトローに基づいたEPRによる資源の高度な循環利用である。

ところが、これが世界の他の国々ではできても日本ではできにくいという事情がある。それは廃棄物処理法などのハードローがソフトローと上手く擦り合わせられないからである。使用済みIT機器にはバッズすなわち逆有償物であるものがあり、それは廃棄物処理法上の廃棄物とみなされるから、業

27　例えば、一般廃棄物と産業廃棄物の区別による業・施設の許可の厳格な分離が資源循環の円滑な流れを阻害するというのがその一例である（細田 2015）。

の許可を持たないK社が自ら回収・収集運搬することができない。先に挙げた広域認定制度が利用できれば良いのだが、当該使用済みIT機器が家庭から排出される場合一般廃棄物に分類されてしまうと広域認定の対象となることが難しくなる[28]。また、仮に広域認定制度の対象となったとしてもその管理業務は甚だしく煩雑であり、取引費用を極めて高いものとしてしまう。

使用済みIT機器のリサイクルについては小型家電リサイクル法（ハードロー）があるが、これは個社単位で自らが生産した製品を回収する仕組みにはなっていない。同法の下で回収・収集運搬・再資源化を管理運営する主要アクターである認定事業者には、特定の生産者にその使用済み製品を戻す動機はない。また個社単位で使用済みIT機器を選別回収するのはあまりにも費用がかかりすぎる。

こうした場合、企業がソフトローに従って自らEPRを実現しようとしてもできないということになるのである。確かに廃棄物の回収・収集運搬は慎重を期する活動であり、ハードローによって一定の制約が課せられるのはある程度止むを得ない。不適正処理や不法投棄が起きる可能性があるからである。しかし、それによって企業の自主的EPRが不可能になり生産物連鎖制御が阻害されるというのであれば、本末転倒の誹りを免れない。しかも海外ではそのような企業の自主的な取り組みが実現しているのである。海外ではできても日本ではできないというのは奇妙な話である。

今後循環経済を構築するに当たって、生産物連鎖制御を経済システムに組み込むことがより多くの製品に求められるだろうが、すべての製品にハードローによるEPRを課すのは困難である。個別の製品すべてについてシステム構築するとしたら社会的費用が高く付き過ぎるからである。加えて、これまでにない新しい製品が市場に出るたびにハードローを整備するのは困難でもある。むしろソフトローによるEPRとそれに基づいた生産物連鎖制御の方がこうした状況に柔軟に対応でき、有効性が増してくると思われる。ソフ

28　この問題は使用済みIT機器に限られることではなく、他の使用済み製品にも起こり得ることである。

トローの下では、企業の自由度が担保され創意工夫が発揮されるから、システム構築のための社会的費用が節約できる可能性が高いと言えるだろう。こうした自主的な努力が資源効率性の向上にもつながる可能性さえある。

4　おわりに

天然資源および最終処分場がピークアウトするという二重の資源制約が厳しくなる現在のような状況においては、循環経済への移行は必然的な選択である。そして循環経済を構築するためには多くの製品ついて生産物連鎖制御を行う必要がある。EPR は生産物連鎖制御を実行するための欠かせないコーナーストンであり、いかに EPR を生産物連載制御の中に組み込むかが重要な課題となる。その意味で EPR は循環経済構築のために欠かせない要素となるのである。

EPR を実現するためには、ハードローとソフトローの組み合わせ、すなわち制度的インフラストラクチャーを整合的に作り上げる必要がある。どのような製品に EPR を実行するかによって、ハードローとソフトローとの関係は変わってくるが、どのような場合であっても2つのインターフェースが調和的なものに作り上げられていなければ、EPR の実現は難しく、生産物連鎖制御は機能しないだろう。

現在では先進的企業が資源の高度な循環利用を無視して経済活動することは考えにくい。今やどの先進的企業も自社の環境格付け評価を気にしているからである。今、企業の間には自主的に環境保全を行いながら経済活動をする機運が高まりつつある。こうした状況を考えると、企業の自由度を生かしながら EPR を実現し循環経済を構築する方法として、今後益々ソフトローのウエートが大きくなるものと期待される。

参考文献

European Commission（2011a）*A Resource – Efficient Europe–Flagship Initiative under the Europe 2020 Strategy*, Brussels, 26 January 2011, COM（2011）21.

European Commission（2011b）*Roadmap to a Resource Efficient Europe*, Brussels, 20 September 2011, COM（2011）571 final.

European Commission（2012）*European Resource Efficiency Platform Manifesto & Policy Recommendations*, Brussels, 17 December 2012.

European Commission（2014a）*European Resource Efficiency Platform*, Brussels, 31 March 2014.

European Commission（2014b）*Report o Critical Raw Materials for the EU*, Report of the Ad hoc Working Group on defining critical raw materials, May 2014.

European Commission（2014c）*Toward a Circular Economy: A Zero Waste Programme for Europe*, Brussels, 2 July 2014, COM（2014）398 final.

European Commission（2014d）*Scoping Study to Identify Potential Circular Economy Actions, Priority Sectors, Material Flows and Value Chains*, Funded under DG Environment's Framework Contract for Economic Analysis ENV.F1/FRA/2010/0044, August 2014.

European Commission（2015a）*Closing the Loop – EU Action Plan for the Circular Economy*, COM（2015）614/final.

European Commission（2015b）*Closing the Loop: Commission adopts ambitious new Circular Economy Package to boost competitiveness, create jobs and generate sustainable growth*, Press Release, Brussels, 2 December 2015.

European Commission（2015c）*Circular Economy Package: Questions & Answers*, Brussels, December.

European Commission（2017）*Resource Efficiency*. http://ec.europa.eu/environment/resource_efficiency/index_en.htm,（最終アクセス：2019.1.3）.

European Commission–DG Environment（2014）*Development of Guidance on Extended Producer Responsibility*（*EPR*）, Deloitte.

Lindhqvist, Thomas（2000）*Extended Producer Responsibility in Cleaner Production: Policy Principle to Promote Environmental Improvement of Product Systems*, Lund University.

OECD（1992）*The Polluter Pays Principle*, OECD Analysis and Recommendations, Envi-

ronment Directorate, OECD/GD/92 (81).
OECD (1996) "Extended Producer Responsibility in OECD Area: Phase 1 Report", OECD Environment Monographs, no. 114.
OECD (1998) "Extended and Shared Producer Responsibility: Phase 2 framework report", Environment Policy Committee, OECD.
OECD (2001) *Extended Producer Responsibility: A guidance manual for governments*, OECD Publishing, Paris.
OECD (2016) *Extended Producer Responsibility: Updated guidance for efficient waste management*, OECD Publishing, Paris.
経済産業省製造産業局自動車課自動車リサイクル室 (2016)「自動車リサイクルの制度と現状と今後について」『Jamagazine』, March #50, pp. 2-7.
自動車リサイクル促進センター (2013)「自動車リサイクル法指定法人 10 年の歩み」公益財団法人自動車リサイクル促進センター.
廃棄物資源循環学会 (2018)「特集拡大生産者責任の国際動向――ガイダンスマニュアル改訂版を中心として」『廃棄物資源循環学会誌』第 29 巻第 1 号, pp. 3-58.
細田衛士 (2001)「使用済み自動車のリサイクルの諸問題と法整備に向けての課題」『廃棄物学会誌』, 第 12 巻 5 号, pp. 292-302.
細田衛士 (2003)「拡大生産者責任の経済学」細田衛士・室田武編 (2003)『循環型社会の制度と政策』岩波書店, 第 4 章, pp. 103-130.
細田衛士 (2015)『資源の循環利用とはなにか――バッズをグッズに変える新しい経済システム』岩波書店.
細田衛士 (2018)「EPR ガイダンスマニュアル改訂版の評価と課題――経済学的視点から」『廃棄物資源循環学会誌』第 29 巻 1 号, pp. 24-33.
細田衛士・山本雅資 (2015)「循環型社会の構築に向けて――課題と展望」『環境経済・政策研究』第 10 巻第 1 号, pp. 1-12.
矢野誠 (2005)『「質の時代」のシステム改革――良い市場とは何か？』岩波書店.

第２章

経済学から見た廃棄物の不適正処理問題

一ノ瀬　大輔

1　はじめに

近年、環境問題に対する意識の高まりや政策の制定を背景に、使用済み製品のリユースやリサイクルが積極的に行われている。しかし、どれだけリユースやリサイクルが進んだとしても、技術や費用の制約から最終的に廃棄物として処理しなければならないものをゼロにすることは困難である。このように再び資源循環の流れに戻すことのできなくなったいわゆる廃棄物に関しては、いかに環境への悪影響を抑えたかたちで処理するのかが重要になる。その際、非常に大きな問題になるのが廃棄物の不適正処理である。廃棄物には多くの場合、様々な有害物質が含まれており、適切な方法によって処理を行わなければならない。しかし、一般的にそれは処理費用の増加につながるため、費用の削減を目的に廃棄物を違法に投棄するなどの不適正処理が発生してしまうのである。

また、廃棄物処理の過程だけではなく、リサイクルの流れのなかでも不適正処理の問題は起こり得る。使用済み製品のなかには金やレアメタルなどの有用な物質とともに人体に有害な物質が含まれているものもある。そのため、有用な物質を取り出す際には有害物質が漏れ出ないように対策をとる必要がある。しかし、廃棄物の不適正処理と同様、いかに安く有用な物質を抽出するのかを考える主体にとってはこの対策にかかる費用は余計なものとして映り、適正な処理を施さずにリサイクルを行ってしまうケースが少なくない。

このように不適正処理の問題は、資源の効率的な循環を考えるうえで避けては通れない課題なのである。

以下、本章では廃棄物の不適正処理の問題について経済学の枠組みを用いて分析することを試みる。具体的には、まず、日本における不適正処理の現状を整理したうえで、これまで経済学のなかでこの問題がどのように扱われてきたのかを概観する。続いてその結果を踏まえ、不適正処理が行われるメカニズムを経済学的に分析するための基礎的なモデルを提示し、最後に経済学の分野における不適正処理問題に関する研究の今後の展望について述べる。

2　日本における不適正処理の現状

日本の廃棄物処理は、廃棄物の処理及び清掃に関する法律（以下、廃棄物処理法）によってその枠組みが定められており、基本的に、この法律で定められたルールに従わない廃棄物処理を不適正処理と定義することができる。ただし、不適正処理と一口に言っても実際には様々な形態が存在する。たとえば、許可されていない場所に廃棄物を捨てる不法投棄はその代表例であるが、ほかにも許可を受けていない品目を処理施設で受け入れることや、違法な処理方法を用いること、そして埋め立て処分場を許可なく拡張することなども不適正処理に当たる。

さて、廃棄物処理法において、廃棄物は工場などの産業部門から発生する廃棄物を中心とする産業廃棄物と、家庭やオフィスから排出される廃棄物を中心とする一般廃棄物に大別されるが、このうち前者の方が構造的に不適正処理が起きやすいと言われている[1]。後述するように、不適正処理を行う最大の動機は経済的な利益の追求であるが、一般廃棄物に関しては自治体に処理責任があり、利益追求型の処理システムではないため、不適正処理は行われにくい。一方で産業廃棄物の場合、処理責任は排出者にあり、その処理は

1　廃棄物処理法では特定の事業活動にともなって発生する特定の廃棄物を産業廃棄物と定義し、それ以外の廃棄物を一般廃棄物としている。

市場の仕組みのなかで経済原則に即して行われるため、不適正処理が発生しやすい構造になっている。加えて廃棄物の発生量自体も一般廃棄物に比べて産業廃棄物が圧倒的に多く、産業廃棄物の不適正処理がとりわけ大きな問題となるのである。たとえば2013年度を見ると、一般廃棄物の発生量が年間約4,500万トンであるのに対し、産業廃棄物の発生量は年間約3.8億トンであり、その量は一般廃棄物の８倍以上にのぼる。

次に日本における不適正処理の詳細についてみてみよう。図２－１は廃棄物処理法違反で検挙された件数とその内訳の経年変化を示したものである。全体的な傾向として、2008年以降、その件数は減少傾向にあったが、2014年頃を境に若干ではあるものの増加傾向に転じており、直近の2017年における検挙件数は5,109件であった。違反の中身については、全ての年において、不法投棄と焼却禁止違反が件数のほとんどを占めている。

それでは不適正処理を行う具体的な動機とは何だろうか。管見の限り不適正処理全体の動機について網羅的に調査した公的な資料は存在しないが、『警察白書』は産業廃棄物の不法投棄についてその動機を調査・公表しており、図２－２はそれをグラフ化したものである。この図から分かるように、

図２－１　廃棄物処理法違反の検挙件数

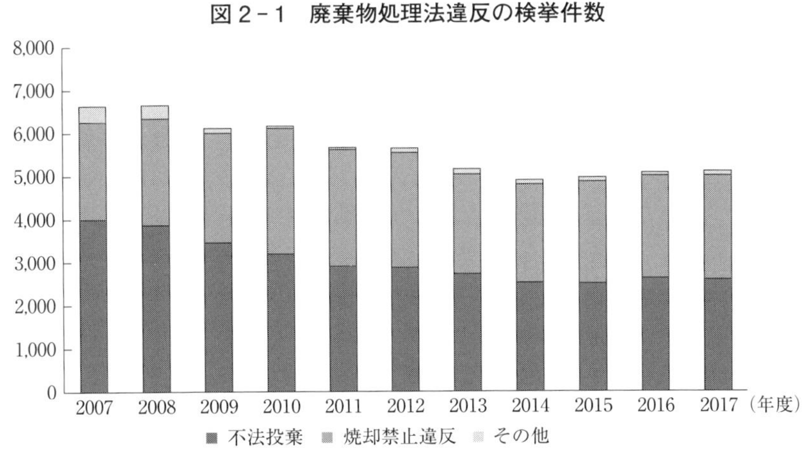

出所：『警察白書』各年度版より著者作成。

図2－2　産業廃棄物不法投棄事犯の動機別内訳

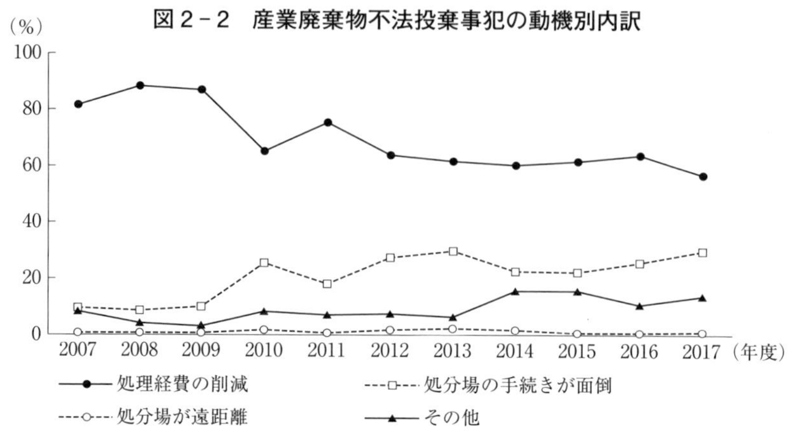

出所：『警察白書』各年度版より著者作成。

不法投棄の動機で最も大きな割合を占めるのは処理経費の削減であり、処分場の手続きが面倒、処分場が遠距離、その他、という順番になっている。集計項目自体は異なっているものの、その他以外の3つの動機は全て広い意味で処理の費用に関わるものであると言える。

また、動機の内訳の経年的な傾向としては、処理経費の削減が占める割合は2009年頃から低下傾向にあるものの、2017年の時点でも全体の約60％という高い割合を示している。これに対して手続きの煩雑さと処分場が遠距離という動機は多少の変動はあるが、全体として増加傾向が続いている。このうち手続きの煩雑さに関しては、適正処理を促すための各種制度の導入などが影響している可能性も背景として否定できない。一方、処分場が遠距離という動機の増加は、年々困難になっている処分場の確保の問題を反映していると考えられる。廃棄物の処分場は、廃棄物の発生源からそれほど遠くなく、かつ交通の便の良い場所に立地することが費用の観点からは望ましい。しかし、処分場は一般的には迷惑施設として受け止められるため、廃棄物の発生源に近い市街地周辺への立地は難しく、発生源から離れた場所に設置せざるを得ないケースが少なくないのである。

次に不適正処理の実行者について見てみよう。これに関しても不適正処理全体についての公開データは管見の限り見当たらないが、産業廃棄物の不法投棄については『警察白書』からその実行者の特性を知ることができる[2]。それによると、2017年の時点では、産業廃棄物の不法投棄事犯全214件のうち、排出事業者が投棄者であるものが194件、許可を受けた収集運搬事業者が5件、許可を受けた処分事業者が4件、無許可事業者が11件となっており、件数に注目すると排出事業者が最も多い。しかし、これは収集運搬や処理に関わる事業者よりも排出事業者の方が不法投棄を行いやすいことを必ずしも意味しているわけではない。処分事業者や収集運搬事業者の数に比べて産業廃棄物を排出する事業者の数は圧倒的に多いため、不法投棄の実行者の傾向を単純な件数の比較から推察することはできないのである。また、これらの数値は不法投棄の実行者が判明しその責任が認められた事案の件数であるが、そもそも誰が不法投棄をしたのかが特定できないケースも少なくない。しかし、いずれにせよこのデータからは排出事業者、収集運搬事業者、処分事業者のどの主体も不適正処理を行う可能性があることが分かる。また、無許可事業者だけではなく、許可事業者も不法投棄の実行者となっていることにも注意が必要である。排出事業者からすると、許可を持った事業者に処理を委託すれば適正に処理がなされるとは限らないのである。

以上は、産業廃棄物の不法投棄という不適正処理の一形態についてのデータから浮かび上がってくる事実であるが、不法投棄であれ、他の不適正処理であれ、利益を追求し環境配慮を怠るという行為としては本質的に同質のものであることを踏まえれば、この結果を不適正処理全体に当てはめたとしてもさほど大きな問題はないように思われる。すなわち不適正処理は、廃棄物処理に関わる全ての事業者が実行者になり得る極めて経済的な問題として捉えることができるのである。

それではひとたび不適正処理が行われると社会にはどれほどの被害が生じるのだろうか。不適正処理が社会に与える費用の全容を明らかにすることは

2　産業廃棄物の不法投棄のデータについては環境省の「産業廃棄物の不法投棄等の状況」（各年度版）も詳しい。

汚染物質による環境や人間を含む生物への影響を正確に測定・評価する難しさもあり容易ではない。そこでここでは参考までに、不適正処理が発生した場合、原状回復のためにいかほどの費用が必要になったのかを観察することから不適正処理がもたらす費用の一部分を明らかにしたい。

資力不足などの理由で不適正処理の原状回復が当事者によって行われない場合、都道府県などの行政がそれを請け負うケースがあるが、廃棄物処理法ではこのような場合に使用できる基金制度を定めている。基金の利用状況については産業廃棄物処理事業振興財団が公表している「原状回復支援事業・事例集」で明らかにされており、表2－1はこの資料のなかから直近の10件を抽出し整理したものである。

表中の除去量という項目には、原状回復のために除去した廃棄物の量、代

表2－1　不適正処理の原状回復費用

地域	概要	投棄量	除去量	代執行費用（円）
青森県八戸市	中間処分場における不適正処理	10万2,000 m^3	1,528t	9億1,904万6,742
愛媛県松山市	中間処理業者による不適正処理	555 m^3	555 m^3	707万7,491
長野県長野市	中間処理業者による過剰保管及び近隣地への大量保管	2万4,000 m^3	4,786t	1億7,161万4,800
岩手県花巻市	廃油の不適正処理	66 m^3	72.26t	861万5,914
長崎県佐世保市	安定型最終処分場における不適正処理	10万7,618 m^3（許可容量を超えた量）	法面の崩落防止措置	1億8,102万1,097
滋賀県大津市	廃油の不法投棄事案	ドラム缶451本他189 m^3	295.7t	1億1,274万
千葉県千葉市	中間処分場における過剰保管	5万4,000 m^3	7,627.44t	6億534万8,184
福島県川俣町	管理型最終処分場における不適正処理	—	法面に盛土工	4,795万1,400
三重県鈴鹿市	廃棄物処理業者による不適正処理	5万6,793 m^3	352.8t	1億9,316万100
長崎県大村市	最終処分場における不適正処理	1万5,800 m^3（許可容量を超えた量）	463.4t	2億9,000万5,800

出所：産業廃棄物処理事業振興財団産廃情報ネット「原状回復支援事業・事例集」。

執行費用の項目には廃棄物の除去や安全確保のために施した対策に要した費用が記載されている。案件ごとに不適正処理の内容が異なるため単純な比較はできないが、表からは多額の費用が不適正処理の後始末のために費やされていることが分かる。例えば、青森県の八戸市の事例の場合、代執行費用を除去量で割ると、除去1トン当たり60万円以上の費用がかかっていることになる。廃棄物の処理費用は処理する品目や処理方法などによって大きく異なり、また、処理費に関する網羅的な情報もほとんど存在しないため、一般的な処理費用を示すことが難しい。しかし、例えば地域は異なるものの中国四国農政局が公表している「平成30年度建設資材単価等」には複数の事業者の産業廃棄物処理費が記載されている。それによると、不法投棄の現場でよくみられる建設汚泥の場合、中間処理受け入れ単価が1 m^3 当たり2,600円から3万円、最終処分受け入れ単価が1 m^3 当たり8,300円から2万円とある。先ほど示した代執行費用のなかには汚染の拡大防止のための工事費用なども含まれているため、純粋な廃棄物処理費用とは言えないが、1トン当たり60万円という金額は単位の違いを考慮したとしても廃棄物を適正に処理した場合よりも明らかに高いものになっている。

さらに不適正処理のなかでもとくに大規模な事案については原状回復に要する費用も巨額になる。表2-2はこれまでに発生した大規模不法投棄事案の原状回復のための事業費を整理したものである。最も費用が大きい事案は青森・岩手県境で発生した不法投棄事案であり、およそ732億円もの費用が見込まれている。また、事業期間も2003年から2022年までと非常に長い。

表2-2　大規模不法投棄事案の原状回復事業

事案名		事業期間	投棄量（約）	総事業費（約）
青森・岩手県境不法投棄事案	青森県分	2003～2022	77.8万t	477億円
	岩手県分	2003～2022	109万 m^3	255億円
香川県豊島事案		2003～2022	61.7万 m^3	563億円
福井県敦賀市事案		2005～2022	119万 m^3	111億円

出所：環境省「産廃特措法に基づく特定支障除去等事業について」。

既に述べたように、これらの費用はあくまでも原状回復のための費用という不適正処理が社会にもたらす費用の一部であり、ひとたび不適正処理が発生すると莫大な費用が発生してしまうことが推察される。このため、いかに不適正処理をさせない環境を整備していくのかが重要になるのである。

3　不適正処理に関する経済学的な分析

不適正処理をさせない環境づくりを検討するためには、廃棄物処理に関わる主体の行動原理について考えることが必要である。そこで以下では経済学のモデルを用いて廃棄物処理行動の分析を行い、適正処理からの逸脱がどのような状況で発生するのかを明らかにする。また、不適正処理に対する政策の代表例である罰金政策の効果についても検討を加える。

3－1　先行研究

具体的な分析に入る前に、国内外の不適正処理問題に関する経済学的な研究の系譜についての整理を行う。不適正処理の研究は、廃棄物についての経済学的な研究の流れのなかで進められてきたが、そもそも廃棄物に注目した経済学的な研究は1970年代に欧米を中心に開始された。それまで経済学の主な分析の対象は経済活動のなかでも生産や消費に関連した部分であったが、資源の過剰消費など、環境問題への関心が世界的に高まるなかで廃棄という行動の分析の必要性が認識されるようになった。ただし、この流れのなかで行われた研究の多くは家計部門による不適正処理の可能性を考慮したものであり、本章で注目する産業廃棄物に特化した研究は相対的にそれほど多くは取り組まれてこなかった。家計部門に着目した研究が盛んになった理由の1つとしては、同部門からの廃棄物の増大を背景に家計に対する廃棄物排出への課徴金政策や排出削減への補助金政策の導入が実際に検討され、その効果を明らかにすることが求められていたことが挙げられる。家計部門による不適正処理を扱った研究の代表的なものとしては、Fullerton and Kinnaman（1995）があり、その後、Fullerton and Wu（1998）、Choe and Fraser（1999）、

Shinkuma（2003）などの研究が続いている。

一方、いわゆる産業廃棄物に相当する企業由来の廃棄物に関する不適正処理の問題について経済学的な理論分析を行った初期の代表的な研究にSullivan（1987）がある[3]。この研究では企業が排出する有害廃棄物の不適正処理問題に注目し、それに対する有効な政策について理論モデルを用いた分析をしている。具体的な政策としては、政策がないケース、有害廃棄物の適正処理に対して補助金を与えるケース、そして不適正処理に対する罰則を科すケースの3つを取り上げ、理論モデルを踏まえたシミュレーションによって、どのような条件のもとで各政策が他の政策に比べて有効な結果をもたらすかを明らかにした。また、Copeland（1991）は生産活動の副産物として排出される廃棄物の処理が国を越えて行われている状況に注目し、不適正処理が行われる可能性を考慮したうえで、廃棄物貿易を制限することの効果について国際貿易を扱う理論モデルの枠組みを用いて分析を行った。結論として、ファーストベストな政策が実行できない状況においては、生産に対する課税と貿易障壁の存在が厚生を改善させることを示した。このほかの重要な理論的な研究としてはNowell and Shogren（1994）がある。この研究では、企業が不法投棄に対する罰則を回避するための行動を取り得る状況を想定し、そのもとでは不法投棄に対する罰則の強化や摘発確率を上昇させることでは不法投棄を抑制することはできず、適正処理費用の低下が不法投棄対策として有効であるという結論を導いた。

以上は理論的な枠組みを用いた研究であるが、データを用いた実証的な研究も行われている。Sgiman（1998）はアメリカにおける廃油の不法投棄問題に目を向け、州レベルのパネルデータを用いた実証分析を通じて、廃油の適正処理価格の上昇が不法投棄の増加をもたらしていることを示した。また、Stafford（2002）はアメリカのデータを用い、有害廃棄物の違法な取り扱いに対する罰則の強化が企業行動に与える影響を分析した。具体的には1991年

3　廃棄物の定義は国によって異なるため、企業が排出する廃棄物を扱っている研究があったとしても、そこで扱われている廃棄物と日本における産業廃棄物の定義とが完全に一致するわけではない。

に大幅な罰則の強化がなされた事実に着目し、これが企業の法令遵守行動にどのような影響を及ぼしたのかを検討し、罰則の強化により企業の遵法性が高まることを結論として導いた。ただし、罰則の強化の度合いに比べて遵法性の上昇は相対的に小さかったともしている。さらに、Stafford（2003）はアメリカの同様のデータを用い、州ごとに異なる有害廃棄物政策が企業の遵法性に与える影響を分析し、自主的な汚染削減計画（Voluntary pollution prevention program）の導入が違反行動を全般的に減少させる一方で、厳格責任の採用や州の環境当局に配置する人員の数は特定の違反行動のみを減少させるにとどまることを明らかにした。

以上の研究は全てアメリカのデータに基づいているが、日本のデータを用いた研究として Ichinose and Yamamoto（2011）がある。同研究は廃棄物処理施設の不足が不法投棄の増加をもたらすのかについてミクロ経済学の理論モデル分析と都道府県別の産業廃棄物の不法投棄件数のパネルデータを用いた実証分析を行い、都道府県ごとの単位面積当たりの中間処理施設数と不法投棄件数との間に有意な負の関係があることを見出した。さらに近年の研究として Sasao（2016）は不法投棄の原状回復に注目し、日本のデータを用いて不法投棄の原状回復行動の決定要因として、投棄された廃棄物の量や有害廃棄物の存在が与える影響を分析したほか、原状回復のための費用やそれに要する期間の決定要因についても検討している。

また、直接的に廃棄物処理を取り上げた研究ではないが、Shavell（1980）に代表される法と経済学の分野における不法行為についての一連の理論的な研究は、不適正処理の分析に対しても有用な理論的な枠組みを提供してくれる。この分野では、汚染に限らず事故などによって社会に対して被害を与え得る活動を行う主体の行動に注目し、責任や罰則の科し方が各主体の行動にどのような影響を及ぼすのかについての研究がされている。これらの研究では不適正処理など特定の行動ではなく、より一般的な不法行為を想定しているものの、その理論モデルは不適正処理の研究と親和性が非常に高い。そこで以下ではこの不法行為のモデルをベースに不適正処理の問題について理論的な分析を行う[4]。

3-2　モデル分析

1単位の廃棄物の処理に直面しているリスク中立的な経済主体（以下プレイヤーと呼ぶ）の行動を考える。既に見たように処理事業者、排出事業者のどちらも不適正処理の実行者となる可能性があるが、本節の分析では便宜上、プレイヤーは処理事業者であると仮定する。なお、プレイヤーを排出事業者とするモデルも下記のモデルに若干の修正を加えることで構築可能である。また、分析を単純にするため、ここでは廃棄物の量は固定して考える[5]。

さて、プレイヤーは廃棄物の処理を行うにあたり、それを適正に実施するには労力の投入が必要であり、その量を e で表し、これを適正処理のための努力量と呼ぶことにする。努力を1単位投入するためには c の費用がかかるが、努力の投入量が増えるほど、廃棄物処理にともなう環境被害が発生する確率を低く抑えることができると考える。具体的には処理にともなう環境被害の発生確率を $q(e)$ で表し、$q'(e) < 0$、$q''(e) > 0$ を仮定する。さらに処理にともなって発生する環境被害の大きさを D で表し、分析を単純にするため、被害の大きさは努力量と独立でその値は一定であるとする。また、やはり単純化のため、上記に挙げた以外、処理に関して費用は発生しない状況を考える。

以上の想定のもとで、まず、社会的に最適な廃棄物処理の在り方について検討しよう。この場合、社会的に最適な廃棄物処理は社会的な純便益を最大にする廃棄物処理と定義でき、解くべき問題は以下のように定式化できる。

$$\max_e w - ce - q(e)D \qquad (1)$$

ただし、w は処理事業者が受け取る廃棄物処理料金を表す。社会的純便益を最大にする努力水準を求めるために上の式を e で微分し、一階の条件を求め

4　このほか、経済学の枠組みを用いた研究ではないが、石渡（2002）は千葉県の職員として廃棄物対策に従事した著者の経験をもとに日本における不適正処理問題の背景を詳細に分析している。

5　事業活動の水準を固定して考えるのは一般的な不法行為モデルと同様である。

ると以下のようになる。

$$-c-q'(e)D=0 \tag{2}$$

この式を満たす努力水準が社会的に最適な処理の水準になり、以下、この水準を e^* と表す。

それでは、市場に任せておいた場合、社会的に最適な廃棄物処理は実現するのだろうか。この点を考えるため、次に不適正処理に対する規制が全くないもとでのプレイヤーの行動について検討する。この場合、プレイヤーが費用として考慮するのは適正処理のために投入する努力の費用のみであり、その問題は以下のように定式化できる。

$$\max_e w-ce \tag{3}$$

努力水準 e はその定義上、ゼロ未満の数字は取らないので、$e=0$ がこの問題の解となる。つまり不適正処理に対する規制が存在しない場合、プレイヤーは適正処理のための努力を一切行わず、不適正処理をすることになる。もちろんこれは社会的に最適な廃棄物処理とは異なるものであり、市場に任せておいても不適正処理の問題は解決せず、なんらかの政策的な介入が必要となることをこの分析結果は示している。

それでは不適正処理への対策としては具体的にどのようなものが考えられるだろうか。最も代表的なものは不適正処理に対する罰金制度である。そこで次にプレイヤーに対して社会的に最適な廃棄物処理を実行させるための罰金制度の在り方について検討しよう。ここで、追加的な想定として、プレイヤーによる不適正処理は常に発覚するわけではなく、発覚確率が $p\in(0,1)$ で表される状況を考える。なお、発覚確率はプレイヤーや政策当局にとって観察可能な情報であるとする。不適正処理に対する罰金を記号の F で表すと、罰金制度のもとでのプレイヤーの問題は以下のように定式化できる。

$$\max_e w - ce - q(e)pF \tag{4}$$

先ほどと同様、プレイヤーが選択する努力水準を求めるために、上の式を e で微分して一階の条件を求めると以下のようになる。

$$-c - q'(e)pF = 0 \tag{5}$$

この式を満たす努力水準が罰金制度のもとでプレイヤーが選択する努力水準、すなわち廃棄物処理の水準となり、これを e^p と表すことにする。

それでは社会的に最適な処理水準をプレイヤーに選択させるためには罰金額をどのように設定したらよいだろうか。罰金制度のもとでの一階の条件である（5）式を社会的純便益最大化のための一階の条件である（2）式に一致させるような罰金額が求めるべきものであり、その値は以下のようになる。

$$F = \frac{D}{p} \tag{6}$$

実際、この値を罰金制度のもとでのプレイヤーの目的関数に代入すると、プレイヤー個人の利潤最大化問題と（1）式で定式化した社会的純便益最大化問題とが一致し、罰金制度のもとでのプレイヤーの行動が社会的に最適な行動となることが分かる。したがって、不適正処理によって発生する被害額を不適正処理の発覚確率で割った額を罰金額と設定することが望ましい政策となる。

以上は現実の状況を非常に単純化したモデルを用いた議論である。しかし、現実には、上記のような単純な罰金政策だけでは不適正処理の問題を解決できないケースが多く観察されている。その代表例が、不適正処理の当事者に罰金を支払うだけの十分な資力がない場合である。そこでこのような状況を分析するために、新たにプレイヤーの資力という概念をモデルに導入しよう。追加的な仮定として、プレイヤーが元々保有している資産を記号の A で表することにする。また、モデルの順序として、まず、プレイヤーが努力水準を決定し、その後、確率的に不適正処理による被害が発生する状況を考える。被害に対する罰金をプレイヤーが支払う段階では、処理料金も受け取っており、適正処理のための努力に対する費用の支払いも済んでいるとする。このような想定のもとでのプレイヤーの問題は以下のように表すことができる。

$$\max_e w - ce - q(e)p \min\{A + w - ce, F\} \quad (7)$$

ここで、$A+w-ce$ は罰金を支払う時点でのプレイヤーの資力であり、初期保有資産と廃棄物処理によって獲得した利潤の合計になっている。仮に資力 $A+w-ce$ が D/p 以上の場合には既にみたように罰金額 F を D/p に設定することによってプレイヤーに社会的に最適な処理水準を選択させることができる。しかし、$A+w-ce$ が D/p より小さい場合、プレイヤーの直面する問題はたとえ罰金額が D/p に設定されていたとしても実際には以下のようになる。

$$\max_e w - ce - q(e)p\{A + w - ce\} \quad (8)$$

つまり、資力不足の場合、不適正処理が発覚したとしてもプレイヤーが負担するのは罰金全額ではなく、自らの資力 $A+w-ce$ になる。この場合、利潤最大化のための一階の条件を求めると以下のようになり、そこで選択される努力量は（2）式から導かれる社会的に最適な努力量とは一致しなくなる。

$$-c - q'(e)p\{A + w - ce\} + cq(e)p = 0 \quad (9)$$

このように資力不足の場合、プレイヤーは支払い能力以上に罰金を支払うことができないため、罰金が有効に機能しなくなり、プレイヤーの選択する適正処理の水準は社会的に最適な水準と一致しなくなってしまう。資力不足に由来するこの問題は judgment proof 問題と呼ばれ、不法行為について分析した法と経済学の分野で研究が進められてきた。このような場合、資力不足に陥ったプレイヤーと取引のあった第三者にも責任を拡大することの効果が理論的に研究されており、実際日本においても、処理事業者による不適正処理において当事者が十分な資力を有さない場合には、処理事業者に処理を委託した排出事業者もその責任を問われる可能性がある仕組みになっている。

単純な罰金政策だけでは問題を解決することができなくなるもう1つの特徴的なケースが廃棄物処理取引に特有の情報の非対称性に起因する問題が発生する場合である。細田（2007）が指摘するように、廃棄物処理取引には2種類の情報の非対称性が存在する。1つ目の情報の非対称性は、処理に関する情報が処理の委託元である排出事業者に伝わりにくいというものである。廃棄物以外の通常の商品の取引の場合、商品の品質についての情報は商品という形のあるモノが購入者の手元に渡ることにより明らかになる。もし品質が悪ければそれは即座に購入者の知るところとなり、低品質の商品を提供する事業者は市場から駆逐されるであろう。しかし、廃棄物処理の場合、処理サービスの購入者は通常の商品の取引とは異なり、モノ（廃棄物）を処理事業者に渡し、その処理を自らとは離れた場所で実施してもらうことになる。そのため、処理サービスの質に関する情報を直接知ることができない。つまり不適正な処理という低水準のサービスが提供されたとしても排出事業者がそれを突き止めることは困難なため、違法な処理が発生しやすくなる。このような状況は上述のモデルにおいては不適正処理をした場合の発覚確率が低い状況として捉えることができる。不適正処理をしたことが第三者からは見えにくいため、実際に不適正処理をしたとしても常に罰則を科されるわけではないのである。

2つ目の情報の非対称性は廃棄物の組成情報に関する問題である。処理事業者が処理を依頼された廃棄物の詳細な組成について調査することは難しく、多くの場合、排出事業者から提供される情報を頼りに処理が行われることになる。つまり廃棄物の組成については排出事業者側にその情報が偏在している。このような状況のもとでは排出事業者には正しい組成情報を処理事業者に提供しないインセンティブが生まれる。なぜならば廃棄物に特別な処理が必要な物質が混ざっている場合、その情報を処理事業者に正しく伝えると、その処理のために通常よりも高い費用が必要になってしまうからである。そのため、処理困難な物質の存在をあえて伏せて処理事業者に処理を委託するケースが出てくるのである。

このような場合に何が起こるのかを再度モデルを通じてみてみよう。ここでは廃棄物の組成に由来する情報の非対称性の問題を考えるため、プレイヤーとして処理事業者と排出事業者の2種類を想定する。排出事業者はリスク中立的であり1単位の廃棄物の処理を処理事業者に委託し、それにより便益 B を得るとしよう。ただし、排出事業者は当該の処理事業者の設備で処理が可能な通常の廃棄物以外に、処理事業者の設備では処理ができない処理困難廃棄物も排出しており、処理事業者に委託する1単位の廃棄物中に含まれる処理困難廃棄物の割合を選択することができる。当該の処理事業者に委託する1単位の廃棄物のなかで処理困難物の占める割合を $1-x \in [0, 1]$ で表し、委託廃棄物中の処理困難物を減らすためには、通常の廃棄物と処理困難な廃棄物を分けるための努力が必要になり、そのためには単位当たり γ の費用がかかるとする。また、処理事業者が処理困難物を処理した場合、適正処理のための努力をどれだけ投入したかにかかわらず必ず H の規模の環境被害が発生する状況を考える。ただし、処理困難物を減らすための単位当たり費用と通常の廃棄物を不適正処理した場合に発生する環境被害額の合計は、1単位の処理困難物から発生する被害額より小さい状態、すなわち $\gamma + D < H$ を仮定する[6]。これは処理困難物の受け入れにともなう環境被害が非常に大きく、処理困難物を取り除くための努力を投入することが常に社会的に望ましい行為であるという仮定をおくことを意味している。

次に処理事業者に関しては、既に定義した基本的なモデルと同様の状況を考える。すなわち処理料金 w で1単位の廃棄物の処理を引き受け、適正処理のための努力水準 e を選択し、その結果として確率 $q(e)$ で環境被害 D が発生する。ただし、追加的な仮定として、処理困難物の混入率を処理事業者

6　これは分析を単純にするための仮定であり、この仮定を緩めた分析を行うことも可能である。

が知ることはできないとする。以上の想定のもとで社会的に最適な排出事業者と処理事業者の行動を検討しよう。この場合、社会的純便益の最大化問題は以下のように定式化できる。

$$\max_{x,\,e} B-\gamma x-ce-q(e)Dx-H\{1-x\} \qquad (10)$$

ここで $q(e)Dx$ はこの処理事業者に委託された廃棄物のうち、通常の廃棄物に関して、適正処理のための努力水準に応じて環境被害が発生することを表している。一方、$H\{1-x\}$ は処理事業者に委託された廃棄物のうち処理困難物に起因する環境被害を表す[7]。処理困難物に関してはそもそも当該処理事業者の設備では適正な処理を行うことができないため、適正処理のための努力水準とは独立に被害が発生する状況を考えている。この社会的純便益最大化問題を解くために目的関数を e と x のそれぞれで偏微分すると以下のようになる。

$$-c-q'(e)Dx \qquad (11)$$

$$-\gamma-q(e)D+H \qquad (12)$$

このうち（12）式に注目すると、いま $\gamma+D<H$ を仮定しているのでその値は必ずプラスになる。つまり、$x=1$ で委託する廃棄物のなかに処理困難物が全く含まれていない状態が社会的に望ましいことを意味している。この結果と（11）式を組み合わせると、社会的に最適な適正処理のための努力水準は既に定義した e^* になることが分かる。

次に処理事業者にのみ不適正処理の罰金が科されている場合の各主体の行動を検討してみよう。まず処理事業者の利潤最大化問題は以下のように定式化される。

7　この分析では、e に起因する環境被害の大きさと処理困難物の量が、また処理困難物に起因する環境被害の大きさと通常の廃棄物の量がそれぞれ独立な状況を想定しているが、この仮定を緩めた場合であっても本節の結果は本質的には影響を受けない。

$$\max_e w - ce - q(e)pF \tag{13}$$

処理困難物の存在は処理事業者からは観察できないため、上の最大化問題はxに依存しないかたちになっている。この場合、先の分析と同様、$F=D/p$と設定することで、社会的に最適な処理水準e^*を処理事業者に選択させることができる。

次に排出事業者の問題は以下のように定式化される。

$$\max_x B - w - \gamma x \tag{14}$$

上の式から明らかなように、このとき排出事業者は$x=0$を選択することで利潤を最大にすることができる。つまり処理困難物を選別する努力を全くせずに委託する廃棄物の全量を処理困難な廃棄物にしてしまうのである。これは明らかに社会的に最適なxの水準と一致しない。この場合、罰金によって処理事業者に社会的に最適な行動をとらせることは可能なものの、それだけでは排出事業者の行動に影響を与えることができないため、単純な処理事業者への罰金では問題の解決に至らないのである。

4　実際の不適正処理対策

前節のモデル分析の結果を踏まえて、実際に日本で用いられている不適正処理対策についてみてみよう。現実の不適正処理対策のなかで最も基本的なものは罰金制度である。先の理論モデルでも確認したように、不適正処理に対して罰金を科すことで、不適正処理を行う誘因を低下させることができる。日本の場合、不適正処理に対する罰金は、1,000万円以下（法人の場合3億円以下）となっている[8]。ただし、モデルによる分析でも示されたように、不適正処理の実行者に十分な資力がない状況では罰金政策は本来の効果を発揮できない。実際、不適正処理の実行者は零細の事業者であることが多く、罰金政策のみで不適正処理の抑制を行うことは困難である。

罰金政策は不適正処理を行う費用を直接的に上昇させることで処理の適正化を図る仕組みであるが、これに対し、情報の非対称性の問題を解決することを通じて不適正処理を行いにくい環境を築こうとするのがマニフェスト制度である。この制度では複写式の伝票を用い、それに廃棄物の排出から運搬、処理の各段階に関わった主体が処理方法や処理量などを記入したものを排出事業者に戻すことによって、通常は見えにくい処理のルートを明らかにし、不適正処理の発生を防ぐことを目的としている。既に述べたように廃棄物処理の適正化のための課題の１つは処理サービスの情報がサービスの購入者である排出事業者に伝わりにくいことであった。このため、処理事業者にとっては不適正処理が発覚する可能性が低くなる一方、排出事業者にとっては適正な処理をしている事業者を判別しにくいという状況があったが、この問題を解決しようとするのがマニフェスト制度であり、紙の伝票を用いる方法とそれを電子情報によって行う電子マニフェストの２種類が存在する。本制度は処理のルートを明らかにするという点で非常に有効なものであるが、マニフェストに虚偽の情報を記載するケースもあるなど課題も残されている。

上記２つの政策はいずれも不適正処理を行いにくい環境を整備することを目的としたものであった。これらに加え、近年では適正処理を行う事業者を育成することで廃棄物処理市場全体のサービスの質を上げることに主眼を置いた政策がとられるようになっている。その代表的な例が優良産廃処理業者認定制度である。この制度は、実績と遵法性、事業の透明性、環境配慮の取り組み、電子マニフェストシステムへの加入、財務体質の健全性の５つの基準を満たす事業者を優良認定業者として認定し、優良な処理事業者を育成しようとするものである。優良認定業者として認定されると、事業許可の有効期間の延長、許可申請の一部簡略化などの優遇措置が受けられるほか、優良マークの付いた許可証が交付され、排出事業者に対して自らの優良性をア

8　なお、不適正処理に対する罰則自体は５年以下の懲役もしくは1,000万円以下（法人は３億円以下）の罰金またはこの併科となっている。

ピールすることが可能となる。

既に述べたように情報の非対称性が存在する廃棄物処理市場では、不適正な処理を行うことで処理費用を抑え安価に処理を請け負う事業者を排除することができない一方で、適正な処理を行う事業者がサービスの質についての情報を伝えることができず、価格競争に敗れ市場から退出させられてしまう。優良産廃処理事業者認定制度はこのような情報の非対称性の問題を解消し、市場全体の事業者の質を向上させる仕組みである。認定を受けた事業者数は2016年3月31日の時点で997者であり、実際に業として処理に携わっている事業者数が6万者以上と言われるなかで、認定事業者が占める割合は決して多くはない。しかし、その数は年々増加しており、今後さらにその割合が増えることが期待される。

以上、実際には不適正処理対策として様々な取り組みが行われているが、処理事業者だけでなく排出事業者や収集運搬事業者など廃棄物処理に関わる全ての主体に処理に対する適切な責任を科す仕組みを築いていくことで不適正処理を減らすことができるものと考えられる。

5　今後の展望

最後に不適正処理の経済学的分析についての残された研究課題を整理する。まず、理論的な分析に関しては、これまで法と経済学の分野のなかで不適正処理も射程に入れた一般的な不法行為の実行者に対して罰則がいかなる効果を及ぼすかについての知見が蓄積されてきた。単純な罰則政策の効果や、資力不足の問題に対応し得る罰則の在り方など様々な研究が行われてきている。しかし、廃棄物処理取引に特有の情報の非対称性の問題については未だに多くの研究の余地が残されている。たとえば、産業廃棄物のマニフェスト制度の導入は情報の非対称性を解消する効果を持つと考えられるが、この制度の持つ経済学的な意味や、それが廃棄物処理に携わる各主体の行動に与える影響についてはまだ十分な検討が行われているとは言い難い。また、優良産廃処理業者認定制度のように、近年、優良な事業者を育成し市場の質を上げることで廃棄物処理全体の適正化を促そうとする試みがなされているが、このような政策に関しても経済学的な分析が一層進むことが期待される。認定制度の存在が処理事業者や排出事業者の行動にどのような影響を及ぼすのかを検討することは、より良い制度を構築していくうえでも重要である。さらに情報通信技術の急速な進歩により廃棄物処理の世界にもこのような技術が取り入れられつつある。電子マニフェストのように情報伝達の速度を上げるシステムが適正処理に与える影響なども今後の分析課題である。

一方、実際のデータを用いた実証的な研究は理論分析に比べてこれまでさほど多くは行われてこなかった。その理由の１つはデータの入手が難しいことである。不適正処理に関しては利用可能な情報が限られており、これにより分析可能な範囲が限定されてしまっていた。しかし、理論分析と実証分析は車の両輪の関係にあり、より良い適正処理政策を検討していくためには実証分析の充実は欠かすことができない。たとえば、電子マニフェストには廃棄物の量や処理方法などの情報が入力されており、これらの情報を活用することで有益な実証分析を行うことができる可能性がある。また、実証分析の前提となる不適正処理の分析に関連する情報のデータベースの構築についても検討が必要である。不適正処理に関する経済学的な研究が、理論分析と実証分析の両面でさらに発展し、同時にフィールドワーク等を通じて実際のケースについての理解を深める作業も行いながら、現実世界でより良い廃棄物処理の環境が整備されていくことが望まれる。

参考文献一覧

Choe, C. and I. Fraser (1999) "An Economic Analysis of Household Waste Management," *Journal of Environmental Economics and Management*, vol. 38, pp. 234–246.

Copeland, B. R. (1991) "International Trade in Waste Products in the Presence of Illegal Disposal," *Journal of Environmental Economics and Management*, vol. 20, pp. 143–162

Fullerton, D. and T. C. Kinnaman (1995) "Garbage, Recycling, and Illicit Burning or Dump-

ing," *Journal of Environmental Economics and Management*, vol. 29, pp. 78–91.
Fullerton, D. and W. Wu（1998）"Policies for Green Design," *Journal of Environmental Economics and Management*, vol. 36, pp. 131–148.
Ichinose, D. and M. Yamamoto（2011）"On the Relationship between the Provision of Waste Management Service and Illegal Dumping," *Resource and Energy Economics*, vol. 33, pp. 79–93.
Nowell, C. and J. Shogren（1994）"Challenging the Enforcement of Environmental Regulation," *Journal of Regulatory Economics*, vol. 6, pp. 265–282
Sasao, T.（2016）"Econometric Analysis of Cleanup of Illegal Dumping Sites in Japan: Removal or remedial actions?," *Environmental Economics and Policy Studies*, vol. 18, pp. 485–497.
Shavell, S.（1980）"Strict Liability versus Negligence," *The Journal of Legal Studies*, vol. 9, no. 1, pp. 1–25.
Shinkuma, T.（2003）"On the Second-best Policy of Household's Waste Recycling," *Environmental and Resource Economics*, vol. 24, pp. 77–95.
Sigman, H.（1998）"Midnight Dumping: Public Policies and Illegal Disposal of Used Oil," *RAND Journal of Economics*, vol. 29, pp. 157–178.
Stafford, S. L.（2002）"The Effect of Punishment on Firm Compliance with Hazardous Waste Regulations," *Journal of Environmental Economics and Management*, vol. 44, Issue 2, September 2002, pp. 290–308.
———（2003）"Assessing the Effectiveness of State Regulation and Enforcement of Hazardous Waste," *Journal of Regulatory Economics*, vol. 23, pp. 27–41
Sullivan, A. M.（1987）"Policy Options for Toxics Disposal: Laissez-Faire, Subsidization, and Enforcement," *Journal of Environmental Economics and Management*, vol. 14, pp. 58–71.
石渡正佳（2002）『産廃コネクション——産廃Gメンが告発！不法投棄ビジネスの真相』WAVE出版.
細田衛士（2007）「廃棄物処理費用の透明化と説明責任」『廃棄物学会誌』第18巻4号，pp. 197–198.
環境省「産廃特措法に基づく特定支障除去等事業について」
https://www.env.go.jp/recycle/ill_dum/tokuso.html（最終アクセス：2018.8.22）
警察庁『警察白書』平成20年度版～平成30年度版
産業廃棄物処理事業振興財団「原状回復支援事業・事例集」

http://www.sanpainet.or.jp/testhp/service03.php?id=5（最終アクセス：2018.8.22）
中国四国農政局「平成 30 年度建設資材単価等」
http://www.maff.go.jp/chushi/kyoku/shizaitanka/（最終アクセス：2018.8.22）

第3章

廃棄物の適正処理とリサイクルのための回収システム

斉藤 崇

1 はじめに

1990年代後半以降、日本ではさまざまな廃棄物リサイクル関連の法制度が整備され、そうした取り組みのもとで、一般廃棄物の減量が進み、リサイクル率の上昇、最終処分量の減少などを達成してきた。今後はさらに取り組みを進めていくとともに、資源循環をより活発にしていくことが求められている。

私たちの経済活動のなかで発生する使用済み製品や部品など（以下、「使用済み品」と表記）を循環経済の仕組みにうまくのせていくためには、使用済み品をいかに集めるか、そしてそれらをいかに適正な処理・リサイクルの経路にのせていくかがカギとなる。そのためには使用済み品の回収方法をどのようにすべきかを考えることも重要になる。

たとえば日本においては、個別リサイクル法のもとで、各主体の役割分担を明確にし、回収システムを整備することで、さまざまな品目のリサイクルを進めてきた。冒頭に述べたように、取り組みの成果はあがってきているものの、正規の回収ルート以外にのってしまい、不適正処理につながっているケースも少なくない。また使用済み品によって回収方法が異なるなど、回収ルートが多様化しており、そのことが排出者にとっての排出ルールの分かりにくさにつながっている部分もある。

回収システムをどのようにするかを考えるうえで、本章では、使用済み品のもつ２つの性質に注目する。環境への影響を考慮した強制的な回収ルートの整備という側面だけでなく、民間の経済主体による経済取引の可能性についても考慮することができるからである。また適正な処理・リサイクルの経路を維持していくためには、排出者による協力も欠かせない。その意味では、排出者側にとっての視点も踏まえた検討が必要である。

なお、本章の構成は以下のとおりである。まず第２節で、使用済み品の回収に関する先行研究を紹介する。また日本のリサイクル制度のもとで、回収に関する状況をいくつか整理する。つづく第３節では、使用済み品の潜在資源性および潜在汚染性について整理する。第４節では、そうした２つの性質と回収ルートとの関連について、簡単なモデルをもちいた分析をおこなう。さらに第５節において、排出者が適正な排出行動をするための課題について検討する。そして第６節において、本研究のまとめをおこなう。

2　使用済み品の回収：先行研究と現状

本節では、使用済み品の回収に焦点をあて、おもな先行研究を紹介するとともに、日本のリサイクル制度のもとでの回収実績について整理する。使用済み品の回収に焦点をあてた経済理論モデルはそれほど多くなく、財の生産から消費、そして使用済みとなって処理・リサイクルされるまでの流れにおいて、回収部門が描かれているような場合もある。

そうした経済理論的な研究のなかで、本章では３つのタイプの研究に焦点をあてていく[1]。１つ目は、廃棄物の回収システムに関するもので、デポジット制度（deposit-refund system, DRS）のような経済的手段についての研究が挙げられる。２つ目は、回収した廃棄物のその後の処理やリサイクルについてのもので、リサイクル施設の立地等の研究のなかで、使用済み品の回収を考慮している。そして３つ目として、排出者側の行動についてのものを取り上

1　なお、Saito は、廃棄物処理およびリサイクルに関する経済理論的な文献について、廃棄物の回収に焦点をあてた形でサーベイをおこなっている（Saito 2016）。本節の内容は、同文献を大いに参考にしている。

げる。回収システムを適正に維持していくうえで、排出者による適正な排出行動が重要になっており、そうした点についても、関連する文献を整理していく。

まず1つ目からみていくことにしよう。使用済み品を回収する手段であるデポジット制度に注目してみると、初期の文献として Massell と Parish によるものを挙げることができる（Massell and Parish 1968）。この文献では、使用済みの飲料容器について、回収されるものと回収されないものの2つに市場を分けて部分均衡分析をおこない、最適なリファンドの水準を導き出している。また Bohm はデポジット制度について包括的な分析をおこなっており、Dobbs はごみの散乱防止のための最適な政策について考察し、ごみを散らかした人に対する課税を検討している（Bohm 1981；Dobbs 1991）。

デポジット制度は使用済み品を回収するための手段であるが、Dobbs の分析にあるように、ごみの散乱防止や有害物質を含むものの回収方法として注目されることもある（Porter 1978；Palmer *et al.* 1997）。こうした点については次節で取り扱う使用済み品の潜在汚染性という観点から整理することができる。

なお、Fullerton と Kinnaman の研究では、税金と補助金の組み合わせという形でデポジット制度を位置づけている（Fullerton and Kinnaman 1995）。同文献では、財・サービスの生産から消費、そして処理、リサイクルまでを経済モデルに描き、社会的最適な状態を実現するための手段の1つとして、財の消費に対する課税と適正な処理に対する補助金を挙げている[2]。

一方で、先の Bohm の研究で指摘されているように、デポジット制度は大きく2つのタイプに分けることができる。1つは上述のように、社会的に最適な状態を導くための政府主導型（government-initiated DRS あるいは mandatory DRS）なものであり、もう1つは市場発生型（market-generated DRS あるいは

2　このような財・サービスの生産から廃棄物の処理に至るまでを描いた経済モデルをもちいた分析は多数ある（Fullerton and Wu 1998；Choe and Fraser 1999 など）。近年では、こうしたモデルの枠組みをもちいて、混合廃棄物（mixed wastes）について分析をおこなっている文献もある（Aalbers and Vollebergh 2008）。

voluntary DRS）のものである。これは有害物質を含むごみの強制的な回収といったものではなく、回収が自発的におこなわれる状況を意味している。こうした状況が起こる背景については、使用済み品の潜在資源性という観点から捉えていくことができる。この点についても次節で整理していくことにしよう。

このように市場発生型のデポジット制度に着目するならば、使用済み品の回収システムの導入が、生産者にとって魅力的な状況となる場合がありうることを意味している。たとえばOnumaとSaitoは、未返却の預り金を考慮したうえで、デポジット制度導入による生産者および消費者への影響について部分均衡モデルをもちいて分析している（Onuma and Saito 2003）。またNumataの研究では、未返却の預り金の配分を考慮した最適な制度設計について考察をおこなっている（Numata 2011）。

本節では、回収システムの導入という点において、デポジット制度に関する文献をおもに扱っているが、Bohmによる分類をもう少し広く捉えるならば、政府主導型つまり法制度などにもとづく回収ルートと民間の経済主体による自発的な回収ルートという見方ができるだろう。その点についても、本章の後半で考えていくことにしよう。

本節の最初に述べた３つのタイプの２つ目は、回収から処理・リサイクルに至るまでの過程に関するもので、実証的な観点からの文献が多い。たとえば初期の文献では、収集に規模の経済がはたらくのかといった点に焦点があてられていた（Kemper and Quigley 1976）。Porterは、廃棄物について経済学的な観点から包括的な研究をおこなっており、そのなかで家庭ごみの収集やリサイクルのための物流について取り扱っている（Porter 2002）[3]。

またHighfillらの研究では、使用済み品の回収を考慮して、リサイクル施設をどこに立地するのがよいかを理論モデルをもちいて分析している（Highfill *et al.* 1994）。この分析において、回収されたものをどのぐらいリサイクル

3　このほか日本の一般廃棄物の物流に関する実証分析としてIchinoseらによるものがある（Ichinose *et al.* 2013）。

するかによって、施設の最適な立地場所が異なることが示されている。Hamilton らの研究では回収されたものの処理の最適な規模についての分析をおこなっている（Hamilton *et al.* 2013）。

あとの個別リサイクル法のところで少しふれるが、日本においては自治体によって回収されたものを地元以外のリサイクル業者が再商品化しているような状況もみられる。一方で、近年では、IoT などをもちいた静脈物流の効率化なども検討されており、こうした回収から処理・リサイクルまでのルートの改善が進んでいく可能性が十分にある。

最後に3つ目として、排出者側の行動に関するものをみていくことにしよう。この観点の文献は、家計部門によるごみの排出行動という形で描かれることが多く、Wertz の研究を先駆的なものとして、さまざまな既存研究がある（Wertz 1976；Dobbs 1991；Morris and Holthausen 1994 など）[4]。Wertz のモデルでは、家庭内にごみが溜まっていくことによって消費者に不効用がもたらされる状況を想定し、ごみの収集場所までの距離やごみの収集頻度などの要因が、ごみ発生量にもたらす影響について分析をおこなっている[5]。

ここではモデルの詳細についての紹介はせず、こうした分析が示唆するところについて整理しよう。Wertz の分析結果を直観的に説明すると、排出者は家庭内にごみが溜まっていくことを避けるための行動をとる。たとえば家庭から収集場所までの距離が長くなれば、溜まったごみを運んでいくのに手間がかかることになるため、ごみの発生を抑えるように努める。また収集回数が減少することは、家庭内にごみが溜まっていくことにつながるため、発生抑制行動を促すことになる[6]。

このように収集場所までの距離が長くなったり、収集回数が少なくなるこ

4　近年では、Wertz のモデルの枠組みをもちいて、さまざまなタイプの消費者を考慮した分析もおこなわれている（Ferrara 2003）。

5　なおこのモデルではごみの分別は考慮されていない。分別を考慮した理論研究としては Hosoda によるものがあるほか、日本のデータをもちいた実証分析として Matsumoto によるものなどがある（Hosoda 2014；Matsumoto 2011）。

6　このほかごみ処理手数料の上昇の効果についても分析しており、手数料の徴収によってごみの減量が可能であることを導出している。

とは、排出者にとって、ごみを出しにくい状況であるといえる。つまり、ごみを出しにくい状況では、減量化に取り組むと捉えることができるだろう。反対に、ごみを出しやすい状況になると、発生量の増加につながる可能性がある。適正なリサイクルを円滑に進めていくためには、排出者の適正な排出行動が不可欠である。ただ、実際には適正な排出ルールを排出者側が正しく認識しているとは限らない。この点についても、本章の後半で触れていくことにしよう。

本節では、ここまで使用済み品の回収に焦点をあてて、3つの観点から、先行研究の整理をおこなってきた。本節の後半では、日本のリサイクル制度を取り上げ、その概要や実績等を整理するとともに、先の3つの観点についても言及していくことにしよう。日本では、1990年代後半以降、さまざまな品目についての個別リサイクル法が整備されてきたが、本章では容器包装廃棄物および使用済み家電製品に絞って述べていく。

まず容器包装からみていくことにしよう。「容器包装に係る分別収集及び再商品化の促進等に関する法律（以下、容器包装リサイクル法）」は、1995年に制定され、1997年にガラスびんやPETボトルなどを対象として一部施行され、2000年にプラスチック製容器包装、紙製容器包装が追加され、完全施行となった。法律を制定した背景にあったのは、当時、重量比で一般廃棄物の約2〜3割、容積比では約6割を占めていた容器包装廃棄物の減量化であり、最終処分場の延命化に寄与するためのものであった。

容器包装リサイクル法では、消費者、市町村、事業者の役割分担が明確となっている。使用済み品の回収に注目するならば、消費者による分別排出や市町村による分別収集・保管がそれにあたるだろう。法律の施行以降、市町村による容器包装廃棄物の分別収集が進み、分別収集量および再商品化量も増加してきた。図3-1は、市町村が分別収集して、指定法人に引き渡した量の推移を示しているが、引渡量が増加していることを確認できる。近年では120万トン程度で推移しており、2017年度は、ガラスびん35万トン、PETボトル20万トン、紙製容器包装2万トン、プラスチック製容器包装65万トンの合計122万トンとなっている（公益財団法人日本容器包装リサイクル

図３－１　市町村から指定法人への引渡量推移（1997～2017年度）

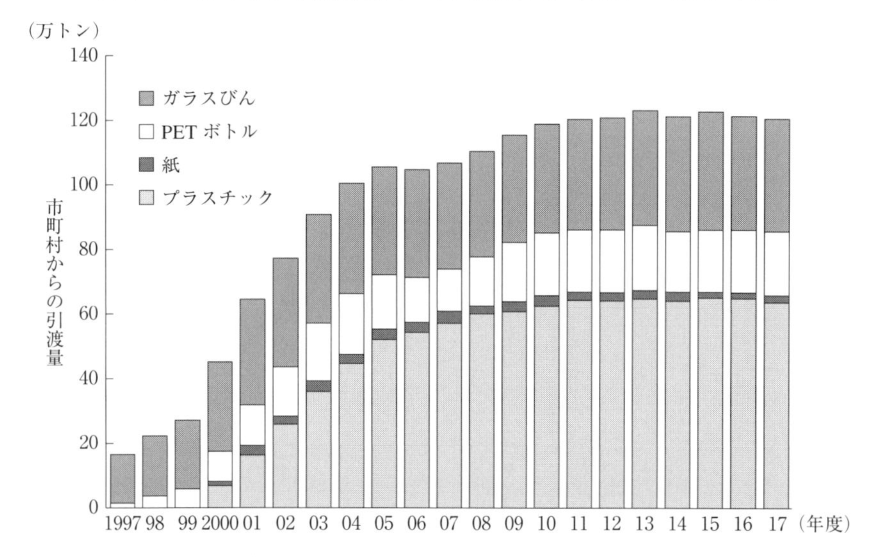

出所：公益財団法人日本容器包装リサイクル協会のデータにもとづき筆者作成。

協会 2018)。

このように容器包装リサイクル法のもとで、市町村による分別収集量や再商品化量が増加し、一般廃棄物の総排出量および最終処分量の削減などの成果があがっている。ここで先行研究の整理の際にもちいた３つの視点からまとめてみることにしよう。１つ目の回収システムについては、法律のもとで各主体の役割分担を明確にし、排出から再商品化までの経路が整備されている。２つ目の回収したものの処理・リサイクルについてであるが、容器包装リサイクル法では、市町村による分別収集したものについて、指定法人を仲介役として再商品化事業者に引き渡されている。そして引渡先については入札によって決まる。したがって、収集した市町村の地元の事業者に引き渡されない可能性も十分にあるが、一方で、入札をつうじて費用の低減に努めることができる。そして３点目については、他の一般廃棄物と同じように市町村による分別収集であるので、排出方法を理解しやすく、実行に移しやすいものであるといえるだろう。

次に使用済み家電についてみていこう。日本では、使用済み家電のリサイクルについて、品目によって異なる法律が対応している。本章では、エアコン、テレビなどの大型家電を対象とする「特定家庭用機器再商品化法（以下、家電リサイクル法）」におもに焦点をあてていく[7]。この法律は1998年に制定され、2001年施行された。対象品目について、当初はエアコン、テレビ、冷蔵庫、洗濯機の4品目であったが、2009年から液晶・プラズマ式テレビおよび衣類乾燥機が追加となっている。

家電リサイクル法でも各主体の役割分担のもとで、効率的なリサイクルと廃棄物の減少に取り組んでいる。この法律において、排出者である消費者あるいは事業者は、使用済み家電の適正な引き渡しをおこなうとともに、収集・運搬および再商品化等に関する料金の支払いをおこなうことになっている。また小売業者は、過去に販売した対象機器や消費者の買い換えのタイミングで引き取りを求められた場合に引取義務があり、それを製造業者等の指定する指定引取場所で引き渡す必要がある。図3－2は、指定引取場所における対象品目の引取台数の推移を示したものである。近年は、毎年1000～1200万台ぐらいで推移しており、2017年度はエアコン283万台、ブラウン管式テレビ104万台、液晶・プラズマ式テレビ149万台、冷蔵庫・冷凍庫298万台、そして洗濯機・衣類乾燥機354万台の合計1,188万台が引き取られている（一般財団法人家電製品協会2018）。

家電リサイクル法における対象品目の回収については、いくつかのケースに分けることができる。上述のように、買い換えの際に引き取りを依頼できるほか、対象機器を購入した店舗にもそうした依頼が可能である。しかし、引っ越しなどによって購入店での引き渡しが困難であるような場合には、住んでいる市町村の回収方法にしたがって排出するか、自分で指定引取場所に持っていくなどしなければならない。

7　このほかにパソコンや小形二次電池を「指定再資源化製品」とした「資源の有効な利用の促進に関する法律」や電話機、携帯電話端末、デジタルカメラ、ゲーム機等を対象品目とした「使用済小型電子機器等の再資源化の促進に関する法律（以下、小型家電リサイクル法）」がある。

図3－2　家電リサイクル法対象品目の引取実績（2001～2017年度）

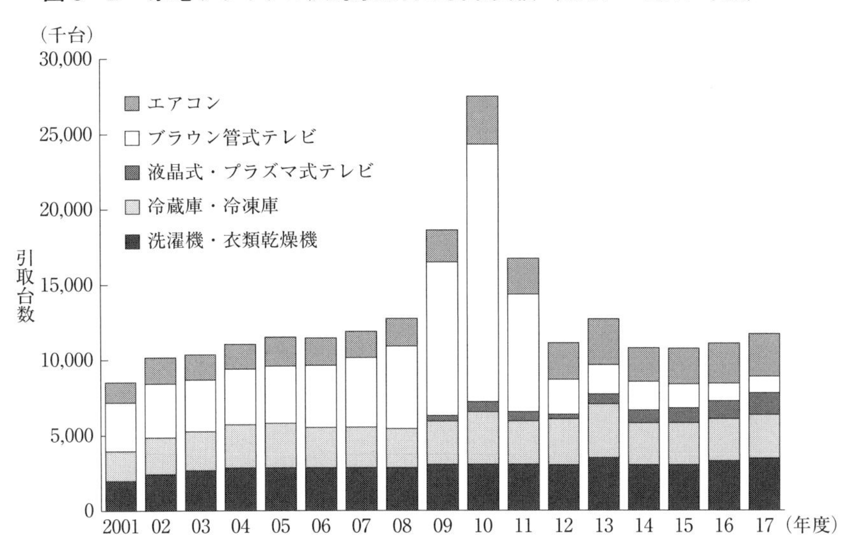

出所：一般財団法人家電製品協会（2018）図表II-1より作成。

また小型家電リサイクル法では、認定事業者による直接回収のほか市町村による回収がある。市町村による回収についても、公共施設などに回収ボックスを設置して回収する方法（ボックス回収）や、不燃ごみなどで回収したものについて、自治体職員が処理施設で小型家電を抜き取る方法（ピックアップ回収）がある。このようにどういった状況で使用済み家電が発生するか、あるいはどのような品目を排出するのかによって、異なる回収方法になっている。

容器包装リサイクル法と同じように、家電リサイクル法においても、各主体の役割分担が明確になっており、排出から再商品化までの経路が整っている。また回収したものの処理・リサイクルについては、製造業者が対象品目の引取義務および再商品化義務を負っており、適正な処理・リサイクルがおこなわれている。一方、排出者にとっての視点で考えると、家電リサイクル法の対象品目だけでも、どのような状況で発生するかによって回収方法が異なるほか、家電製品という枠組みのなかに、複数の法律が対応している。これは排出者にとっては、回収方法が分かりにくいものになっているといえる。とくに容器包装廃棄物とは異なり、頻繁に使用済み品が発生するわけではないので、排出者に誤解を生じさせやすい状況になっているともいえよう。この点については第5節でふたたび取り上げることにする。

3　潜在資源性と潜在汚染性

前節では使用済み品の回収に関する先行研究を整理するとともに、日本のリサイクル制度についての現状も眺めてきた。日本では廃棄物の収集運搬に許可が必要なほか、個別リサイクル法において回収方法等も明確になっている[8]。その意味では、政府主導型の回収ルートが整備されているといえよう。

しかしながら、そうした法律等で規定された正規のルート以外に使用済み品がのってしまうと、さまざまな影響が生じうる。こうした問題を検討するにあたって、前節でふれた使用済み品に備わった潜在的な2つの性質に注目することが必要である。これは細田の研究で指摘されている「潜在資源性（resource potential）」および「潜在汚染性（pollution potential）」である（Hosoda 2007；細田 2008）。本節では、この性質と使用済み品の回収について整理していくことにしよう。

潜在資源性については、使用済み電気電子機器などに金や銀といった有用金属が含まれていることを考えてもらえば分かりやすいだろう[9]。たとえば、

8　こうしたことは一見当然のように思えるかもしれないが、発展途上国など外国の状況に目を向けると必ずしもそうではないことが分かる。そうした国々では、本節で述べるような民間の経済主体による自発的な回収ルートの存在がみられる。たとえば中国では、家電リサイクル制度のもとで、回収ルートが多様化し、リサイクル業者の使用済み品の調達にも影響が出ていた。こうした状況については、染野などいくつかの研究に詳しい説明がある（染野 2014；細田・染野 2014；斉藤ほか 2015）。

9　なお、潜在資源性については「あるものが生産過程に投入されたときに正の限界生産力を持つ場合、あるいは消費過程に投入されたときに正の限界効用をもたらす場合に潜在資源性があるという」と定義されており、消費にともなう限界効用についても言及されている（細田 2008, 239）。中古品のリユースなどもこうした状況に該当するが、本章の議論では、リユースについては分析の範囲に含めない。

日本において1年間に使用済みとなる電気電子機器に含まれる有用金属は重量ベースで27.9万トン、金額ベースで844億円と推計されている（中央環境審議会2012）。

こうした性質は潜在的なものであるので、そうした資源価値が現実のものになるかどうかは別の問題となる。これは石油や石炭といった再生不可能資源の採掘に近いと考えてみるとよいだろう。再生不可能資源の可採年数は、資源の確認埋蔵量と資源の生産量によって算出されるが、ここでの確認埋蔵量は地球上に存在する資源量ではなく、現在の技術水準や経済条件のもとで採掘されるものとなっている。したがって、技術水準や経済条件が変化すれば、確認埋蔵量や可採年数にも影響が及ぶことになる。使用済み電気電子機器の場合、地下に埋まった資源ではないため、地中のどこにあるかを探索するということではないが、すでにあるものをいかに回収するかという点が重要になってくる。

もう1つの性質である潜在汚染性は、使用済み品に有害な物質が含まれていたり、処理およびリサイクルの過程において生じうる汚染リスクに関するものである[10]。こちらについても、適正な処理やリサイクルがおこなわれることで、潜在的な汚染の可能性を顕在化させないようにすることが可能である。そのためには、適正な技術の確保が重要となるが、そうした技術を保有する施設にモノが運ばれなければ意味がない。仮に、回収されたものが適正な処理ルートにのらなければ、潜在的な性質が顕在化してしまうことにつながりかねない。

細田（2008）では、潜在資源性が顕在化する条件として、（1）技術条件、（2）市場条件、（3）法律などの制度的条件、の3つを挙げている。このうち（1）や（2）の条件は、先の再生不可能資源の採掘と同じように考えればよい。（3）の条件については、制度として使用済み品の回収ルートが整備されていれば、潜在的な資源性が顕在化する可能性は十分にあるといえる。

10　この定義は「あるものが生産や消費に負の影響を与えるとき、言い換えればなんらかの経路で負の限界生産力または負の限界効用をもたらすような性質を持つときにその性質を潜在汚染性と呼ぶ」となっている（細田2008, 240）。

ここで注意が必要なのは、（1）や（2）の条件が整っている場合、自発的な回収ルートができてしまう可能性もあるということである。その点については次節で整理する。

一方、潜在汚染性については、適正な技術のもとで処理・リサイクルされる場合には、顕在化させずに済ますことが可能である。しかし、適正な技術が確保できない、あるいは費用等の理由によって適正な技術がもちいられない状況では、潜在的な汚染が現実のものとなってしまう。前節で取り上げたFullertonとKinnamanのモデルでは、潜在汚染性を顕在化させる行動に対して規制をおこなうだけでなく、顕在化につながらない行動を奨励することによっても、社会的に最適な状況を実現できることが示されていた。その意味では、使用済み品をいかに適正な処理ルートにのせていくかがカギとなり、回収システムの構築・維持のための費用を考慮しなければならない。

このように使用済み品の潜在資源性および潜在汚染性は回収ルートと非常に密接に関わっている。法律などによって回収ルートを構築し、それを維持することができればよいが、そうした回収方法が複雑で分かりにくいものであったり、正規の回収ルートとは別のルートができてしまうと、さまざまな問題が起こりうる。とくに新たな回収ルートの発生という点については、前節で述べた自発的なデポジット制度の議論に関連するが、潜在資源性と大いに関係がある。この点について、次節で簡単なモデル分析をしてみることにしよう。

4　自発的な回収ルート構築の可能性

それでは、前節で取り上げた潜在資源性と自発的な回収ルートについて、簡単なモデルをもちいて整理していくことにしよう[11]。いま、ある地域において使用済み品が発生していて、それを回収するかどうかという状況を考え

11　なお本節の内容は、細田による議論や斉藤の分析結果の一部を整理して、まとめ直したものである（細田 2008；斉藤 2017）。

る。使用済み品の発生量を x、回収量を g、回収されない分を n であらわすと、$x=g+n$ という関係が成立する[12]。回収されたものの市場価格を p^g とし、また回収にかかる費用を $c_g(g)$ であらわすことにしよう[13]。回収されなかった n については、放置されることによって外部費用が発生する可能性を考慮する。その大きさを $c_n(n)$ であらわそう[14]。

いま、民間の経済主体による回収を考え、単純化のため回収以外の費用はかからないものとしよう。内点解に注目すると、利潤最大化条件は次のようになる。

$$p^g = c_g'(g) \qquad (1)$$

この条件は、回収の限界費用（右辺）が回収したものの市場価値（左辺）と等しくなっていることを意味する。一方、端点解に目を向けると興味深い状況がみえる。たとえば、回収の限界費用が十分に小さい、あるいは回収したものの市場価格が十分に高い場合（$p^g > c_g'(g)$）には、使用済み品がすべて回収されることになる。反対に、回収の限界費用が十分に大きい、あるいは回収したものの市場価格が十分に低い場合（$p^g < c_g'(g)$）は、使用済み品は全く回収されない。つまり、このときは使用済み品の潜在資源性は顕在化されないことになる[15]。

ここでの議論は、法制度などによる強制的な回収ではなく、民間の主体による自発的な回収の可能性についてのものである。上で導かれたことから明らかなように、回収にかかる限界費用の大きさや回収されたものの市場での経済価値の大きさによって、自発的な回収がおこなわれうるということであ

12　なお使用済み品の量 x は所与とし、発生抑制等はここではとくに考えないものとする。

13　$c_g(g)$ に関して、$c_g'(g) > 0$ および $c_g''(g) \geq 0$ が成り立つものとする。

14　$c_n(n)$ についても、$c_n'(n) > 0$ および $c_n''(n) \geq 0$ であるとしよう。

15　なお、ここでの分析から明らかなように、回収されるものが逆有償取引される場合（$p^g < 0$）は、自発的な回収はおこなわれない。ただ、有償取引されるか逆有償取引かは需給バランスによって異なるほか、国内で逆有償取引されるものが外国では有償取引される場合もある。そうした状況は本章の範囲を超えるので取り扱わないが、本節の議論を延長して考えることもできる。

る。言い換えれば、技術条件や市場条件によって、潜在資源性が顕在化するということである。もちろん、実際には、使用済み品を誰でも回収できるわけではないが、ここで導かれた条件は、そうした制度の枠組みをはずれて、回収がおこなわれてしまう可能性を示唆している。

次に社会にとっての最適な状況を考えてみよう。使用済み品が回収されないことによる外部費用 $c_n(n)$ を考慮して、先と同じように社会的最適化のための条件を導くと次のようになる。

$$c_g'(g) - p^g = c_n'(n) \qquad (2)$$

ここで左辺は回収の限界費用から、回収したものの市場価格を引いたものであらわされており、回収の限界純費用となっている[16]。上述の条件は、回収の限界純費用が回収しない場合の限界外部費用と等しくなっていることを意味している。

先と同じように、端点解に目を向けてみよう。回収の限界費用が十分に大きい、回収したものの市場価格が十分に低い、あるいは回収しないことによる限界外部費用が十分に小さい場合（$c_g'(g) - p^g > c_n'(n)$）には、使用済み品を全く回収しないことが社会的に最適となる。また回収の限界費用が十分に小さい、回収したものの市場価格が十分に高い、あるいは回収しないことによる限界外部費用が十分に大きい場合（$c_g'(g) - p^g < c_n'(n)$）には、使用済み品をすべて回収することが社会的に最適となる。

先の（1）式および関連する端点解での議論は、民間の経済主体による回収の可能性についてであったが、ここでの議論は社会的にみて強制的な回収をすべきかどうかというものになっている。その際、使用済み品の潜在資源性および潜在汚染性の程度が大きく関係してくる。たとえば、潜在資源性も潜在汚染性もともに低い、つまり使用済み品を回収した際の市場価格が低く、それが回収されなかった場合の外部性も小さい場合には、回収にかかる費用

16　回収したものが逆有償取引される場合には、回収の限界費用と引き渡す際の価格の和になる。

が相対的に大きくなるため、積極的な回収が進められないかもしれない。もちろん、モデルで想定していないような損失を考慮するならば、このタイプに分類されるものは少ないかもしれない。ただ、潜在汚染性が高いものに比べると、優先的に取り組まれる可能性は低いといえるだろう。

反対に、潜在汚染性が高い場合、つまり回収されなかった場合の外部性が大きい場合には、使用済み品を回収したときの市場価格が低いとしても、回収をおこなうことが社会的にみて最適となる。この場合、自発的な回収はおこなわれないため、強制的に回収する必要が生じる。このように考えると、潜在資源性および潜在汚染性の程度によって、自発的な回収がおこなわれる可能性があるか、強制的な回収が必要となるか、といった整理ができる。これらのことをまとめたものが表３-１である。ここでは４つのタイプに分けているが、上述の話題は表の下の２つタイプに関するものである。

一方、表の上の２つのタイプ、つまり回収されたものの市場価格が高い場合には、すでに述べたように自発的な回収ルートができてしまう可能性がある。これは法制度にもとづく正規のルートとは別のルートができる可能性を意味している。本節の分析では回収されたものが、どのようにリサイクルされるかについては考慮していないが、潜在汚染性が高い使用済み品がそうした自発的な回収ルートに流れることは、汚染の顕在化のリスクが高いといえるだろう。したがって、回収されたものが最終的にどのようにリサイクルされるか、トレーサビリティを確保する必要がある。

表３-１　潜在資源性、潜在汚染性と回収ルート

		潜在汚染性	
		高い $(c_n'(n) > c_g'(g) - p^g)$	低い $(c_n'(n) < c_g'(g) - p^g)$
潜在資源性	高い $(p^g > c_g'(g))$	自発的回収の可能性	自発的回収の可能性
	低い $(p^g < c_g'(g))$	回収の強化が必要	回収が積極的に進みにくい

出所：筆者作成。

回収されたものを適正な処理・リサイクルの経路にのせていくためには、不適正な経路につながる回収ルートができることを防いでいく必要がある。そのことに関連して、使用済み品の排出者に適正な排出行動を促すための方策を検討することも重要であろう。本章の最後にそのことについて取り上げていく。

5　適正な排出を促すための課題

使用済み品の適正な処理・リサイクルを進めていくうえで、排出者による適正な排出行動を促していくことも重要である。そのためには、排出者が適正な排出ルールを認識し、それを実行に移していかなければならない。しかしながら、日本の廃棄物リサイクル制度をみてみると、品目によって排出の仕方が異なっており、それらをすべて正しく認識することは容易ではないかもしれない。たとえば、一般廃棄物の場合は市町村によって収集され、それぞれの自治体で分別方法も異なっている。一方、個別リサイクル法に目を向けると、容器包装廃棄物については自治体による収集がおこなわれるが、家電リサイクル法の対象品目の場合には異なる回収方法がとられる。

また、排出の頻度も品目によって異なってくる。日常生活において、ほぼ毎日のように発生するものもあれば、年に数回、あるいは数年に1回といった発生頻度の少ないものもある。日常的に発生するものであれば、正しい排出ルールを認識して、その行動を繰り返すことはそれほど難しいことではないだろう。たとえば一般廃棄物の分別の仕方は市町村によって異なっているため、他の市町村から転入した直後は、新たな排出ルールに関する情報を入手して、それを実行に移す必要がある。発生頻度が高い場合には、そうした行動を繰り返すなかで、新たなルールも習慣化しやすい。しかしながら、耐久消費財のように発生頻度が少ない場合には、過去に得た排出ルールに関する情報が知識として定着せず、改めて情報を入手する必要が生じるかもしれない。

このように考えると、排出者に適正な行動を促していくためには、使用済み品が発生したときに、正しい排出ルールを理解しているかが重要になる。また、正しい排出ルールを知らない場合に、情報検索などによって正しい情報を入手できるかどうかも重要である。なかには、適正な排出ルールを知っていたとしても、それを実行に移さない可能性もあるだろう。最後の点については、他の分析にゆだねることとし、本章では上述の２点について、直観的な立場からもう少し掘り下げていくことにする。

１つ目の排出ルールの理解について、ルールそのものを知らない場合は、２つ目の話題につながってくるので、ここでは過去に適正な排出ルールについての情報を得ているケースについて考えていく。このとき、過去に得た情報についての記憶が曖昧になっていたり、忘れていたりしていないことがカギとなる。日常的に繰り返される行動の場合には、適正なルールが知識として定着しやすいが、時間的な間隔があく場合には、時間の経過とともに得た記憶が曖昧になってしまう可能性があるだろう。このとき何らかの誤解によって、誤った排出行動をしてしまうかもしれない。誤解を生じさせないためには、分かりやすい排出ルールであることが重要な要素の１つとなる。

そうしたことを考えると、私たちの生活のなかで日常的に発生する廃棄物の排出方法、つまり一般廃棄物の排出方法に近いものについては、排出ルールを理解し、実行に移すことが比較的に容易であるといえるかもしれない。たとえば容器包装リサイクル法では、市町村による分別収集がおこなわれており、排出者にとって分別に協力しやすい状況になっているといえる。使用済み品によって異なる回収方法がとられていると、排出者側にとっては適正な排出ルールを理解しにくかったり、誤解してしまったりする可能性も出てくるだろう。発生頻度が高いものについては、異なる回収方法がとられていたとしても、排出行動が繰り返されることによって、適正な排出ルールを理解し、実行することができるかもしれない。反対に、発生頻度の少ないものについては、誤った排出行動につながらないよう適切な情報提供が求められる。

２つ目の点は、排出ルールに関する正しい情報を入手できるかということである。現在は、多岐にわたるさまざまな情報があるなかで、それを検索するためのツールもいろいろある。また人に尋ねたりといったことも含めれば、情報を入手する手段も非常に多いといえる。しかしながら、得られた情報が正しいとは限らず、無許可の回収業者に使用済み品を引き渡してしまうといった可能性も十分にある。この場合、排出者がそれを誤った排出方法だと認識しないまま、使用済み品を引き渡してしまう可能性がある。こうした状況は情報の非対称性による問題といえる。

排出者が正しい情報にたどり着けるようにするためには、効果的な情報提供のあり方を考えていくことが重要である。実際に、そうした検討もさまざまなところで進められている。より効果的なものにするためには、個別リサイクル法の枠組みや個別品目の範囲で検討するのではなく、横断的な取り組みとして進めていくことも必要だろう。

第2節で紹介したWertzの研究でもふれたように、排出者にとって排出しにくい状況では減量化の取り組みが進められ、反対に排出しやすい状況では発生量の増加につながる可能性がある。一方で、上述の議論から、排出ルールが分かりにくいことによって、誤った排出行動につながってしまう可能性がある。このように考えると、排出しやすい状況がよいのか、そうでない状況がよいのかといった点について、どちらが望ましいということを結論づけることは容易ではない。使用済み品の発生量や、適正な排出行動がとられないことによる社会的な損失を含めて考えていく必要がある。

こうした点を掘り下げていく際に、第3節で取り上げた潜在資源性と潜在汚染性の議論が関連してくるだろう。たとえば、潜在汚染性が高いものは、適正な排出行動がとられないことによる社会的な損失の方が大きいかもしれない。したがって、もしそうであるならば排出者にとって分かりやすく、排出しやすいルールにすることが望ましい。反対に、潜在汚染性の低いものについては、排出者に多少の心理的負担があったとしても、発生抑制につながるような状況にした方がよいということになるかもしれない。

また、資源循環をさらに推進していくということを考える場合、再生品の需要を拡大していく必要があり、そのためにはどのような回収システムにしていくべきかを検討することも重要になる。潜在資源性の高いものについては、第４節で指摘した自発的な回収ルートができてしまう可能性もある。そうした点も踏まえるならば、とくに潜在汚染性も高いような場合には、排出者にとって分かりやすい排出ルールとし、適正な処理・リサイクルの経路にのせていくことを優先した方が社会的コストの低減につながる可能性が高いといえるだろう。

その際、発生頻度の低いものについては、個別品目ごとに回収方法を検討するのではなく、排出方法を可能な範囲で近づけたり、あるいは情報提供の場を共通にして、排出者が正しい情報にたどり着きやすくするような工夫が必要だろう。

6　おわりに

本章では、廃棄物の適正な処理・リサイクルのために、回収システムがどうあるべきかについて述べてきた。日本では個別リサイクル法など、さまざまな品目についてのリサイクル制度のもとで、回収システムを整備し、廃棄物の排出量や最終処分量の減量に努めてきた。

一方で、使用済み品の潜在資源性という性質に注目するならば、法制度にもとづいた強制的な回収ルートとは別に、非正規の回収ルートができてしまう可能性がある。潜在汚染性も高い場合には、そうした非正規のルートにのってしまうことの社会的な損失も大きい。

適正な回収ルートにのせ、適正な処理・リサイクルへとつなげていくためには、排出者が誤解なく適正な排出行動をしていくことも重要である。そのためには、排出者にとって理解しやすい排出ルールとするとともに、回収ルートを多様化させないような取り組みも重要になってくる。

もちろんどのような回収ルートが望ましいのかという点は、再生品の需要や資源循環のさらなる推進といったこととも大いに関係がある。ただ、潜在汚染性や潜在汚染性の程度が高い使用済み品については、排出者が適正な排出行動をとりやすい仕組みにしていくことが、社会的なコストの低減につながると考えられる。そのためには、個別品目ごとの回収方法についての議論ではなく、品目横断的な回収方法の検討や情報提供の場などを整えていく必要があるだろう。

参考文献

Aalbers, Rob F. T. and Herman R. J. Vollebergh（2008）“An Economic Analysis of Mixing Wastes,” *Environmental and Resource Economics*, vol. 39, Issue 3, pp. 311–390.

Bel, Germà and Raymond Gradus（2016）“Effects of Unit-based Pricing on Household Waste Collection Demand: A meta-regression analysis,” *Resouce and Energy Economics*, vol. 44, pp. 169–182.

Bohm, Peter（1981）*Deposit–Refund Systems: Theory and Applications to Environmental, Conservation, and Consumer Policy*, Baltimore, Johns Hopkins University Press.

Choe, Chongwoo and Iain Fraser（1999）“An Economic Analysis of Household Waste Management,” *Journal of Environmental Economics and Management*, vol. 38, no. 2, pp. 234–246.

Dobbs, Ian M.（1991）“Litter and Waste Management: Disposal taxes versus user charges,” *Canadian Journal of Economics*, vol. 24 no. 1, pp. 221–227.

Ferrara, Ida（2003）“Differential Provision of Solid Waste Collection Services in the Presence of Heterogenous Households,” *Environmental and Resource Economics*, vol. 26, no. 2, pp. 211–226.

Fullerton, Don and Thomas C. Kinnaman（1995）“Garbage, Recycling, and Illicit Burning or Dumping,” *Journal of Environmental Economics and Management*, vol. 29, no. 1, pp. 78–91.

Fullerton, Don and Ann Wolverton（2005）“The Two-part Instrument in a Second-best World,” *Journal of Public Economics*, vol. 89, pp. 1961–1975.

Fullerton, Don and Wenbu Wu（1998）“Policies for Green Design,” *Journal of Environmental Economics and Management*, vol. 36, no. 2, pp. 131–148.

Hamilton, Stephen F., Thomas W. Sproul, David Sunding, and David Zilberman（2013）“Environmental Policy with Collective Waste Disposal,” *Journal of Environmental Economics and Management*, vol. 66, pp. 337–346.

Highfill, Jannett, Michael McAsey, and Robert Weinstein（1994）“Optimality of Recycling and the Location of a Recycling Center,” *Journal of Regional Science*, vol. 34, no. 4, pp. 583–597.

Hosoda, Eiji (2007) "International Aspects of Recycling of Electrical and Electronic Equipment: Material circulation in the East Asian region," *Journal of Material Cycles and Waste Management*, vol. 9, no. 2, pp. 140–150.

——— (2014) "An Analysis of Sorting and Recycling of Household waste: A Neo- Ricardian appoach," *Metroeconomica*, vol. 65, no. 1, pp. 58–94.

Ichinose, Daisuke, Masashi Yamamoto, and Yuichiro Yoshida (2013) "Productive Efficiency of Public and Private Solid Waste Logistics and Its Implication for Waste Management Policy," *IATSS Research*, vol. 36, pp. 98–105.

Kemper, Peter and John M. Quigley (1976) *The Economics of Refuse Collection*, Cambridge, Ballinger Publishing Company.

Massell, Benton F. and Ross M. Parish (1968) "Empty Bottles," *Journal of Political Economy*, vol. 76, Issue 6, pp. 1224–1233.

Matsumoto, Shigeru (2011) "Waste Separation at Home: Are Japanese Curbside Recycling Policies Efficient?," *Reasources, Conservation and Recycling*, vol. 55, Issue 3, pp. 325–334.

Morris, Glenn E. and Duncan M. Holthausen, Jr. (1994) "The Economics of Household Solid Waste Generation and Disposal," *Journal of Environmental Economics and Management*, vol. 26, no. 3, pp. 215–234.

Numata, Daisuke (2011) "Optimal Design of Deposit-refund Systems Considering Allocation of Unredeemed Deposits," *Environmental Economics and Policy Studies*, vol. 13, no. 4, pp. 303–321.

Onuma, Ayumi and Takashi Saito (2003) "Some Effects of Deposit-refund System on Producers and Consumers," *Keio Economic Society Discussion Paper Series*, KESDP no. 03–05, Keio University.

Palmer, Karen, Hilary A. Sigman, and Margaret Walls (1997) "The Cost of Reducing Municipal Solid Waste," *Journal of Environmental Economics and Management*, vol. 33, no. 2, pp. 128–150.

Porter, Richard C. (1978) "A Social Benefit-cost Analysis of Mandatory Deposits on Beverage Containers," *Journal of Environmental Economics and Management*, vol. 5, no. 4, pp. 351–375.

——— (1983) "A Social Benefit-cost Analysis of Mandatory Deposits on Beverage Containers: A correction," *Journal of Environmental Economics and Management*, vol. 10, no. 2, pp. 191–193.

——— (2002) *The Economics of Waste*, Washington D. C., Resources for the Future Press.

Saito, Takashi (2016) "A Survey of Research on the Theoretical Economic Approach to Waste and Recycling," in *Economics of Waste Management in East Asia*, Routledge, eds. by M. Yamamoto and E. Hosoda, pp. 38–53.

Wertz, Kenneth L. (1976) "Economic Factors Influencing Households' Production of Refuse," *Journal of Environmental Economics and Management*, vol. 2, no. 4, pp. 263–272.

一般財団法人 家電製品協会（2018）「家電リサイクル年次報告書 平成 29 年度版（第 17 期）」.

https://www.aeha.or.jp/recycling_report/pdf/kadennenji29.pdf（最終アクセス：2018 年 11 月 15 日）

公益財団法人 日本容器包装リサイクル協会「年次実績推移 詳細データ」.

http://www.jcpra.or.jp/municipality/municipality_data/tabid/652/index.php#Tab652（最終アクセス：2018 年 11 月 15 日）

公益財団法人 日本容器包装リサイクル協会（2018）「年次レポート 2018 平成 29 年度実績報告」.

http://www.jcpra.or.jp/Portals/0/resource/association/report/pdf/report2018.pdf（最終アクセス：2018 年 11 月 15 日）

斉藤崇（2017）「日中の家電リサイクル制度の比較と検討」『中央大学経済研究所年報』第 49 号，pp. 419–433.

斉藤崇・澤田英司・佐藤一光（2015）「資源循環政策としての家電リサイクルシステム」『環境経済・政策研究』第 8 巻第 1 号，pp. 29–32.

染野憲治（2014）「中国の静脈産業と循環経済政策」『環境法研究』第 2 号，pp. 93–115.

中央環境審議会（2012）「小型電気電子機器リサイクル制度の在り方について（第一次答申）」.

https://www.env.go.jp/press/files/jp/ 19123.pdf（最終アクセス：2018 年 11 月 12 日）

細田衛士（2008）『資源循環型社会――制度設計と政策展望』慶應義塾大学出版会.

細田衛士・染野憲治（2014）「中国静脈ビジネスの新しい展開」『経済学研究（北海道大学）』第 63 巻第 2 号，pp. 13–27.

第 II 部

低炭素

第4章

イノベーションと環境政策

井上 恵美子

1　はじめに

「イノベーション」とは何か。日本語訳では「技術革新」という言葉がよく用いられるが、シュンペーターによって用いられた「イノベーション」という言葉は、日本語の技術革新という言葉が持つ本来の意味を超えて広義に解釈され、「新結合（neuer Kombinationen）」を通じた経済活動の変化一般を表している。つまり、製品や生産技術だけでなく、販路や供給源、組織等も含む諸要素の新しい結合を指している。これらの新しい結合を通じて経済活動に新方式が導入されることになり、このプロセスを経て、従来の方法は破壊され、これまでにない財やサービスが新たに創造され、単なる技術革新を超えてより幅広く社会に変化をもたらしていくことになる。本章で論じる「イノベーション」は、このようなシュンペーターの広義な解釈を踏まえ、環境経済学の分野で分析する対象として、「環境負荷を逓減するための革新的な製品・サービスおよび業務プロセスの開発に必要とされる設計や研究開発」と定義する。

イノベーションの性質にもよるが、市場の力だけでは、イノベーションを促進するのに十分なインセンティブにはなり得ない。投資して研究開発（R&D）を続けたとしても、イノベーションが常に起こるとは限らないという不確実性が関係している。一方で、環境政策や政府のR&Dプロジェクトは、最初のきっかけ作りには有効であると考えられてきた。これは、長期的な投資環境を整備することで、R&Dを行う主体である企業などが安心してR&Dを継続することができ、また将来の政策が目指すビジョンを共有することで、R&Dを継続してイノベーションを創出するインセンティブを刺激することができるからである。そのため、イノベーションを促進するための要因を探る研究では、長年、環境政策とイノベーションの関係に焦点が当てられてきた。本章でも、この関係に注目していく。

さて、昨今、イノベーションへの期待がますます高まっているが、環境問題に対してイノベーションはどのような役割を果たすのであろうか。次節では、環境問題においてイノベーションの果たす役割に注目しつつ、国内外の動きを整理していきたい。

2　環境問題にイノベーションが果たす役割

環境問題解決の方策の一つとして、環境へのリスクやインパクトを緩和する環境にやさしいイノベーションへの期待が高まっている。実際、1950～60年代に日本が経験した高度経済成長の一方で、環境に負荷を与え続けてきたために発生した公害は、環境政策の効果もあって創出されたイノベーションによって、少しずつ状況が改善されてきた。

この傾向は、環境問題が地域レベルに限定された性質のものから、グローバルで越境的な性質のものに変化してきたことでさらに強まり、イノベーションへの期待がますます高まっている。例えば、グローバルな環境問題として認識されている気候変動問題だが、そのリスクのもたらす影響は甚大でまだまだ全影響を把握することは難しい。実現可能な対策から実施していくことは不可避である。京都議定書の後の国際的な枠組みとして注目されているパリ協定では、温室効果ガスの大幅削減には、低炭素技術イノベーション（CO_2をはじめとする温室効果ガスの排出を少なくするための新技術やプロセスの研究開発）の必要性がArticle 10で改めて強調されている。これは、パリ協定で掲げられた2℃目標の達成には、現状の削減努力の継続だけでは難しく、参加国のそれぞれの不断の努力が必要であり、大幅な温室効果ガス削減を可能とする抜本的なイノベーションの創出が不可欠であるからである。

また、このような世界的な状況を踏まえて、「グリーン・イノベーション」成長戦略や、「グリーン・ニューディール」などのように、イノベーションを成長戦略の原動力にしようという動きが顕著になってきている。まず欧州の事例だが、欧州連合の2010年からの10年間のエネルギー・気候変動政策における戦略的エネルギー技術計画“SET-Plan”の中で、風力エネルギー、太陽光エネルギー、CCS（Carbon dioxide Capture and Storage：二酸化炭素回収・貯留）、バイオエネルギー、電力グリッド、持続可能な核分裂（いわゆる第四世代原子炉に重点が置かれている）の6つの分野を有望な技術分野として取り上げている（EC, 2016）。これらの分野は、欧州各国が個別に開発していくよりも、技術開発への障害や投資の規模・リスクの観点から欧州連合全体で取り組んでいった方が効率よく、付加価値が高まる分野だと言える。SET-Planの実現には、10年間に官・民合わせて最大715億ユーロの投資がなされる必要があるとされる。またさらに2050年に向けてのSET-Planが新たに策定され、パリ協定の実現に向けて欧州連合の温室効果ガスを80～95％削減するための低炭素エネルギー技術に関する具体的な計画が示されている（EC, 2018）。これに並行して、2014年から2020年までの“Horizon 2020”では、欧州諸国に根深く存在し続けている失業の問題の抜本的な改善と雇用の増大を実現させる対策とともに、安全でクリーン、かつ効率的なエネルギーの普及を優先的に取り組むべき課題として挙げている（EC, 2015）。関係者へのインタビューによると、具体的には蓄電池の技術開発や、集光型太陽熱発電の商業化に注力していく予定だという（EC, 2015）。7年間のHorizon 2020の総予算である約800億ユーロのうち、35％程度が気候変動関連に投資される見通しである（EC, 2015）。

2016年6月の国民投票で欧州連合脱退が決まり、その動向が常に注目されている英国も、自然エネルギーの開発に積極的に取り組んでいる。風力や太陽光に加え、北海に面する地理的な好条件を活かした海洋エネルギーのR&Dに注力している。海洋エネルギーは、長期的な温室効果ガス削減に貢献するポテンシャルが高い。税制優遇などの政策も功を奏し、2000年代に波力エネルギーと潮力エネルギー発電の双方において、世界で初のグリッド接続に成功し、実績を積み重ねている。

もちろん、2011年3月の東日本大震災と原発事故を経験した日本でも、低炭素技術に関するイノベーションの促進は、気候変動政策の重要な柱となっている。例えば、2016年5月13日に閣議決定された「地球温暖化対策計画」は、2030年度の温室効果ガス排出量を2013年度比26%減とする中期目標である「2030年度削減目標」(2015年7月)の達成に向けたロードマップを示したものである。目標達成に向けた国、地方公共団体、事業者および国民の基本的役割を明確にした上で、日本全体として今後注力していくべき省エネルギー・低炭素化の取組を包括的に示しており、「エネルギー・環境イノベーション戦略」で言及されている革新的技術分野のR&Dを強化することを提案している。この「エネルギー・環境イノベーション戦略」では、2050年頃までを見据えて、気候変動対策に関する8つの有望な技術分野として、次世代太陽光発電、次世代地熱発電、次世代蓄電池、水素の製造・貯蓄・輸送・利用、超電導、革新的生産プロセス、CCU(Carbon dioxide Capture and Utilization：二酸化炭素回収利用)、システム基盤技術(システム統合技術、システム化のコア技術)が示され、それらの分野での研究開発方針が示されている。これらの8つの技術分野は、「環境エネルギー技術革新計画」(2013年9月)の中で取り上げられた革新的な37技術の中から、実用化までの時間、日本の競争力への貢献、温室効果ガス削減ポテンシャルの大きさ、社会へのインパクトの大きさなどの観点よりさらに絞り込んだものである。

このように、気候変動問題を例に挙げて論じてみても、その問題の解決や状況の緩和に向けてイノベーションが重要な役割を担っていることが分かる。ただ、イノベーションを生み出すことはそれほど容易なことではない。時間をかけて、膨大な投資を行って、R&Dを継続したとしても、イノベーションが生み出されるかは不確実である。そのため、イノベーションはどのようなきっかけで生み出されるのかを検証していくことは重要であり、かつ興味深いテーマである。次節以降では、イノベーションを生み出す一つのきっかけとして注目され、企業活動に多大な影響をもたらしてきた環境政策に焦点を当てて議論していく。

3　環境政策手法の種類

環境政策が企業活動に与える影響は無視できない大きなものである。例えば、González and Hosoda（2016）などの実証研究においてこの点は明らかにされている。イノベーションを生み出すR&Dにおいても、環境政策の与える影響は大きい。イノベーションは生み出されると、社会にもたらす影響は大きく広範である。しかし、前述のように、生み出すまでには多くの不確実性が存在する。例えば、R&Dを行う経済主体は企業であることが多いが、仮にR&Dを継続したところで、必ずイノベーションが起こるわけではない。企業にとって将来をかけてのリスクを冒しての投資はなかなか難しい。長期的投資を継続し、R&Dを継続してイノベーションを生み出すためにも、投資環境を整備することは必要不可欠であり、その意味でもPopp *et al.*（2010）で述べられているように、環境政策が果たす役割は重要である。

では、環境政策とはどのようなものを指すのだろうか。環境政策手法は、OECDや政府機関などによって様々な分類がなされているが、本節では、主に、①直接規制的手法、②枠組規制的手法、③経済的手法、④自主的取組（ボランタリーアプローチ）、⑤その他、の5つに分類したい。

まず、直接規制的手法（以下、直接規制）とは、対象とする主体の環境に負荷を与える活動を直接的に制限・禁止する政策である。排出総量規制、排出基準規制、生産物の品質規制、生産工程・設備レベル、特定の原材料の指定や禁止などを通じて、遵守すべき基準を法・政令等で明確に示し、違反した企業には、経済的・社会的な罰則を課す。一律に企業活動をコントロールでき、政策効果が他の政策手法と比して確実であると考えられること、また政策当局の経験が他の政策手法と比して豊富であるなどの理由から、最も頻繁に活用されている。実際に、日本の公害問題への対策では、直接規制が活躍した。ドイツでも、直接規制が好まれるケースが多い。直接規制が有効なのは、原因となる行為や排出物と汚染の因果関係が明確である場合、健康や安全などの観点から甚大な影響を与える可能性のある環境汚染行為に対して即対応することが社会的利益と考えられる場合、企業等が自主的に環境保全努力を行うことが難しい場合などが考えられる。

枠組規制的手法とは、PRTR 制度（Pollutant Release and Transfer Register：化学物質排出移動量届出制度）などに代表されるように、まずは法で遵守すべきルールを明確に提示してその遵守を義務付けるが、その枠内においては経済主体の自主的な環境対応に委ねる政策手法である。原因となる行為や排出物と汚染の因果関係が明確でない場合や対象となる企業が多数で一律に規制することが難しい場合に有効で、直接規制と比べて汚染物質の種類や汚染行為など規制する対象を拡大することができる点、また企業の経営条件に応じて最適な措置を講じることができる可能性がある点などのメリットがある。ただし、政策の成果に関するモニタリングや、目標を未達成だった場合の罰則規定などに関して、明確かつ適切なルールの設定が重要である。なぜなら、それらが不明確であると、虚偽の報告を助長したり、環境対応を実施した企業が正当に評価されない場合に不公平感を抱く企業等の環境保全へのインセンティブを弱めてしまう危険性があるからだ。

経済的手法は、経済的インセンティブを活用して、対象とする企業の活動の費用と便益に影響を与え、その活動をより環境保全的なものに導く政策手法である。税や補助金、排出権取引などがこれに当たる[1]。一般に、先述の直接規制よりも柔軟性が高く、同レベルの環境基準の達成を目標とした場合には、より少ない社会的費用で目標を達成可能だと考えられている。特に、汚染源が分散、小口、多様な場合、価格メカニズムを通じて幅広く政策目的を浸透させることができる点、個々の行為では少量の環境負荷しか与えておらず、環境汚染に対する意識が希薄な場合においても、汚染程度に応じて社会的費用を賦課できる点がメリットとして挙げられる。政策評価する場合には、費用対効果、費用対便益などの定量的な分析に馴染み、経済理論のツー

1　これまでの研究から、参入退出を考慮に入れた長期的な視点と費用負担における公平性の観点に基づいて検討すると、補助金よりも環境税や排出権取引が優れていることが明らかとなっている。

ルを活用した評価手法も概ね確立している点もこの手法の強みである。ただ、経済的負荷を課すことから国民の理解と合意が必要であり、導入までに時間がかかる場合があるということ、企業が経済的負担さえ甘受すれば環境負荷の高い行為を選択する可能性もあるために政策の効果を事前に正確に予測することが困難であること、課税ベースと汚染原因との間のリンケージが弱い場合には課税による環境汚染の抑制効果は低く、むしろ消費や生産に望ましくない影響をもたらす場合があることも弱点として考慮すべきである。

さらに、最近では、経団連などの自主行動計画、企業の自主的な取組、民間主体が政府と交渉の上協定を結ぶ自主協定などの自主的取組（ボランタリーアプローチ）が重要な役割を果たしている。長年、直接規制や経済的手法などの伝統的な政策手法を補完するものとみなされてきたが、伝統的な政策手法よりも企業側に最も適した環境対応を選択する自由があるため柔軟性が高く、雇用者などの環境対応についての意識改革や啓発に寄与し、雇用者、消費者、株主などへのコミュニケーションの促進や、新たなブランドイメージの確立に効果的である場合も多い。また場合によっては、他の環境政策よりも低コストである可能性が明らかになり、その有効性に注目が集まっている。しかし、拘束力が弱く、フリーライダーや非協力的な企業の存在を排除することが難しい点はこの手法の欠点であり、目標、達成時期、基準の設定、評価方法などをあらかじめルール化し、また実施状況等について適切な公開を求めるなど、留意しないといけない点も多くある。

この他には、エコマークなどの環境ラベリング、ライフサイクルアセスメントなどの情報的手法（消費者や投資家などのステークホルダーに、環境保全活動に積極的な企業や環境負荷の少ない製品を選択する際に参考となる情報を提供し、環境に配慮する企業のインセンティブを刺激する方法）、環境影響評価制度やISO 14001などの手続的手法（行政や企業などの意思決定の段階で、具体的な環境配慮の判断・評価基準を盛り込み、環境配慮型の行動を促進する方法）などが挙げられる。

環境政策手法には、それぞれ長所と短所があり、残念ながら、一つだけで万全なものはない。環境問題それ自体の性質や構造も時間とともに変化・変質していくため、対象とする環境問題の性質や構造を見極め、有効となる政策手法を適切にかつ柔軟に組み合わせていくことは重要である。

4　環境政策がイノベーションに与える影響

ここからは、環境政策とイノベーションの関係について先行研究に触れながら整理していきたい。まずは、環境政策がイノベーションの誘発にどのような影響を与えてきたのかを整理し、その後、創出されたイノベーションの普及に注目し、環境政策が与える影響を分析していきたい。また環境政策とイノベーションの関係を議論する際に、重要な視点を経営学の側面から提示したポーター仮説にも言及する。

4－1　イノベーションの創出

1970年代より、環境政策とイノベーションとの関係は興味深いトピックとして注目されてきた。当初の研究テーマは、どの政策がイノベーションを創出するためのR&Dを実施するインセンティブ（以下、R&Dインセンティブ）を刺激するのか、政策選択とR&Dインセンティブの大きさの比較に注目が集まっていた。また、実証データが不足していたことも反映して理論研究が中心であった。Downing and White（1986）は、単一の汚染物質排出者のみが存在する完全競争市場を仮定し、4つの政策手法（賦課金、補助金、排出権取引、直接規制）がR&Dインセンティブに与える影響を分析したところ、想定した3つのシナリオにおいて常に賦課金はR&Dインセンティブに与える影響が大きく、直接規制が最も小さかったという結論を導いている。Milliman and Prince（1989）では、5つの政策手法（直接規制、環境税、環境補助金、無償での初期配分による排出権取引（以下、無償配分方式排出権取引）、オークションを通じた初期配分による排出権取引（以下、オークション方式排出権取引））を比較したが、彼らの研究でも、環境税、環境補助金、無償配分方式およびオークション方式排出権取引が、R&Dインセンティブを高める点で、直接規制と比較して優位であることが明らかになった。これらの理論分析では、各政策手法が与えるR&Dインセンティブの大きさを、R&Dによってもたらされたイノベーションにより実現できる汚染排出の限界削減費用の低下と捉える。結論としては、柔軟性のある経済的手法の方が、直接規制よりもR&Dインセンティブに与える影響が大きいとされることが多い。また経済的手法は企業にどのイノベーションを選択するのかという自由を与えるため、長期的にはイノベーションを誘発する可能性が高いという見解もある。

この結論は、その後のNewell *et al.*（1999）やLange and Bellas（2005）などの実証研究でも明らかにされている。Newell *et al.*（1999）では、1958〜93年のエアコンモデルとエネルギー価格のデータを用いて、エネルギー価格に関する政策や省エネ基準がエアコンのイノベーション創出にどのような影響をもたらしたのか分析している。その結果、エネルギー価格の変化が新技術の創出に貢献したことが明らかになり、省エネ基準は古いエアコンモデルの撤去を促進するだけであったことが示された。Lange and Bellas（2005）では、1985〜2002年の米国の石炭火力発電所のデータを用いて、大気浄化法（Clean Air Act）や許可証取引（tradable permits）が与えた影響を分析した。彼らの研究より、1990年以降の許可証取引で古いプラントに排煙浄化装置を設置するインセンティブが高まり、結果的に操業コストの削減を実現できたこと、直接規制だけでは有効に機能しなかったことが示された。このように、これまで見てきた研究が前提とする完全競争市場では、ほとんどのケースにおいて、柔軟性の高い経済的手法を用いた方がR&Dインセンティブが高まり、イノベーションを誘発する傾向にあるとの結論が導かれている。その理由として考えられるのは、直接規制の下では、例えば排出基準までしか汚染の排出を抑制するインセンティブが働かないのに対して、経済的手法では汚染を排出する限り企業などの排出者側の負担が生じるので、もちろん排出削減費用の大きさに依存はするものの、継続的な排出削減のインセンティブが働くことが期待できる点である。

しかしながら、上記のような環境政策手法のもたらすR&Dインセンティブの優劣関係は、必ずしも一意的に成立する結論ではないという点もその後の研究によって示されている。

まず、仮にこれまでの議論で前提とする完全競争市場を維持したとしても、ある特別な場合においては、Downing and White（1986）や Milliman and Prince（1989）のような一意的な結果は得られない。例えば、Fischer *et al.*（2003）のように、新技術が他の企業に模倣されることを考慮した場合には、Milliman and Prince（1989）が示したような結論にはならず、政策手法がR&Dインセンティブに与える影響の大きさは市場構造のあり方や新技術の模倣の可能性といった諸要因に依存することを示した。また、Bauman *et al.*（2008）で議論されている直接規制が限界削減費用曲線の傾きを変化させることができた場合では、直接規制の方が経済的手法よりも「エンド・オブ・パイプ」型のイノベーションを生み出すインセンティブが高まるとした。この点は、主に1960年代後半～70年代前半に日本で独自に開発されたSOx削減のための排煙脱硫技術開発に着目したMatsuno *et al.*（2010）においても証明され、実際に公害防止協定や自治体の先駆的規制、法的規制等の直接規制がそのイノベーション促進に有益な役割を果たしたことが明らかとなった。またその後の技術の普及とさらなる改善には公健法[2]賦課金といった経済的手法が活躍したことも示されている。このように、政策によって促進されるイノベーションの種類が異なる傾向にあることも興味深い。

この点において、Johnstone *et al.*（2010）は、OECD 25ヵ国の再生可能エネルギー技術に関する特許パネルデータを用いて分析した結果、太陽光発電や廃棄物エネルギー関連技術のイノベーション促進には固定価格買取制度、競争力がある風力発電関連技術のイノベーション促進にはグリーン電力証書が有効であるとし、イノベーションのタイプや各々の成長段階に応じて、最適な環境政策手法は異なってくると述べている。Popp（2003）も、それぞれの政策で創出されるイノベーションは異なるということを明らかにしている。ただOECD 7ヵ国を対象としたデータを用いて、各政策手法（具体的には技術規制、環境パフォーマンス規制、環境税、排出量取引）がイノベーション促進に与える影響を分析したLanoie *et al.*（2011）によると、環境関連のイノベー

2　公害健康被害の補償等に関する法律。

ションの促進には環境政策の種類よりもその強制力の度合の方が重要であるという結果も示されている。

次に、不完全競争市場の場合も、環境政策手法のもたらすR&Dインセンティブの優劣関係は、必ずしも一意的に成立しない。Montero（2002）は不完全競争市場において4つの政策手法（直接規制、環境税、無償配分方式排出権取引、オークション方式排出権取引）を比較したところ、クールノー競争下とベルトラン競争下では異なった結果が示された。前者では、直接規制、環境税、オークション方式排出権取引の方が、無償配分方式排出権取引よりも効果的であったのに対し、後者のベルトラン競争下では環境税とオークション方式排出権取引が最も有効であり、次に直接規制、最後に無償配分方式排出権取引という順でR&Dインセンティブが高まることを明らかにした。

さて、前半では、政策選択とR&Dインセンティブの大きさに関する研究を見てきたが、ここからは具体的に創出されたイノベーションに焦点を当て、環境政策との関係を見ていきたい。このテーマの諸研究は、R&D支出額や特許に関する実証データが質・量的に充実したことから急速に発展してきた。多くの研究でイノベーションの代理変数をR&D支出額や特許件数とし、環境規制の強制度合の代理変数に規制遵守のための費用を用いている。

1990年代半ばから2000年代前半までは、環境規制の強制度合を公害防止対策費用（Pollution Abatement Costs and Expenditures：以下PACE）で測り、イノベーションとの関係を分析した研究（例えばJaffe and Palmer 1997；Brunnermeier and Cohen 2003；Hamamoto 2006など）が多く、結果としてはPACEがイノベーションにプラスの影響をもたらしていることが明らかとなっている。

Jaffe and Palmer（1997）では、1974～91年の米国製造業の特許やR&D支出に関するデータを用いて実証分析を行った結果、PACE増大に伴い、R&D支出が増加したことが分かった。一方、特許数については有意な結果とならなかった。Brunnermeier and Cohen（2003）では、米国製造業を対象とした分析により、PACEの増加が環境技術関連特許の取得件数の増加をもたらしたことが分かった。Hamamoto（2006）は、1966～76年の日本の製造業データを用い、日本の場合でも Jaffe and Palmer（1997）の結果同様、PACE の増加が R&D 支出を押し上げたことを明らかにした。

PACE 以外にも、エネルギー価格、技術知識ストックへのアクセス度合などの指標が用いられている。Popp（2002）は、1970～94 年の特許データを用いて、米国においてエネルギー価格が省エネルギー技術に関わる特許の取得にプラスの影響をもたらしたことを明らかにした。経済的インセンティブを活用することで、企業の R&D が活発になり、環境に関するイノベーションが誘発されることが示唆されている。

2000 年代半ば以降になると、これまでのような環境政策や規制の強制力の度合といった外生的要因の影響だけでなく、Arimura *et al.*（2007）や Demirel and Kesidou（2011）、Inoue *et al.*（2013）などのように、環境マネジメントシステム、企業の環境行動や取組といった内生的要因にも注目が集まり、それらがイノベーション誘発に与える影響を検証しようとする研究が多くなった。Arimura *et al.*（2007）は、OECD 7 ヵ国のデータを用いて、柔軟性が高く、強制力のある環境政策は環境会計の導入を促進したこと、その環境会計の導入が環境 R&D 支出を増加させたことを明らかにした。Demirel and Kesidou（2011）は、英国企業のデータを用いて、環境政策や企業行動とイノベーション（3 つの指標：エンド・オブ・パイプ、クリーナー・プロダクション、R&D 支出額）の関係を分析したが、エンド・オブ・パイプ型技術の促進には、直接規制や企業の効率性改善モチベーションがプラスの影響をもたらし、クリーナー・プロダクション型技術は企業の効率性改善モチベーションがプラスの影響をもたらしたことを明らかにした。一方、R&D 支出額については、直接規制や経済的要因により増加がもたらされたとした。このように、誘発されるイノベーションのタイプによって最適な政策や要因が異なることが示唆されたが、この点は前述の Johnstone *et al.*（2010）や Matsuno *et al.*（2010）、そして SO_2 排出削減技術に関する特許データを用いた Popp（2003）の分析でも言及されている。Inoue *et al.*（2013）では、日本企業（製造業）を対象に、ISO 14001 の取得とそれを保持し続けるという企業行動がイノベーション誘発にどのような影響を与えるのかを検証している。本研究では、企業が ISO

14001を取得してからの期間をISO 14001の習熟度と捉え、環境関連R&D支出額をイノベーションの代理変数として分析した結果、ISO 14001の習熟度がイノベーションにプラスの影響を与えていることが明らかになった。つまり、ISO 14001を取得し、また自主的にそれを保持し続ける企業は、よりイノベーション創出に積極的であることが分かった。

4-2　イノベーションの普及

イノベーションは、その創出だけでなく、その普及によって社会的に良いインパクトをもたらすことに意味がある。そこで、技術の普及について分析した研究を整理していく。

イノベーション誘発関連の研究同様、最初は環境政策の選択と新技術を導入するインセンティブ（以下、導入インセンティブ）の関係を分析した理論研究が中心だった。つまり、企業が限界削減費用の低減を実現可能な技術を選択する前提において、どの政策を選択することが企業の新技術の導入インセンティブを高めることができるのかに注目している。Milliman and Prince（1989）や Jung *et al.*（1996）らの研究によると、イノベーション誘発と同様で、新技術の導入インセンティブは、直接規制よりも柔軟性の高い経済的手法の下で高まることが明らかになった。ただし各政策の優劣関係については一貫した結論は存在しない点に注意が必要である。Milliman and Prince（1989）は、前述のように5つの政策（直接規制、環境税、環境補助金、無償配分方式排出権取引、オークション方式排出権取引）に関して、その選択が新技術の導入インセンティブにどう影響するか比較した。その結果、オークション方式排出権取引が最も新技術の導入インセンティブを刺激する点で優れており、2番目に環境税と環境補助金、次に直接規制、最もインセンティブが低くなるのが無償配分方式排出権取引であることを明らかにした。なぜオークション方式排出権取引が導入インセンティブを最も刺激するかというと、排出権取引の下で、排出企業は新技術の導入により汚染削減費用の低減だけでなく、排出権価格の低減も享受できるためであり、新技術の導入インセンティブは、環境税よりも大きくなるからである。さらに、オークション方式と無償配分方式の排出権取引を比較した場合、経済的インセンティブがより働くオークション方式の方が無償配分方式の場合よりもインセンティブが高まると述べている。しかし、Milliman and Prince（1989）の排出権取引の議論に関して、Fischer *et al.*（2003）は、排出権価格の低減は新技術を導入しない排出企業にも同様に便益をもたらすため、その分だけ各排出企業の新技術の導入インセンティブは小さくなると指摘した。さらに、もし各排出企業がプライステイカーの場合は、オークション方式の方が無償配分方式よりもインセンティブが高まるとは言えないとし、環境税の方が排出権取引よりも新技術の導入インセンティブを刺激すると主張した。このように、排出権取引に関する見解だけでも様々な論点があり、政策の選択と新技術の導入インセンティブの関係には、一意的な解釈は存在しない。

では、続いて、具体的にある特定の新技術の普及とその普及に関する環境政策の影響について分析した実証研究を整理していきたい。これらの研究では、ある特定の技術に注目してその技術の普及に効果的だった環境政策は何か、また新技術の普及を促進する要因とは何かについて分析が進められているが、研究に利用可能なデータの蓄積も不十分であることや経済的手法の導入事例が限られていることから、まだまだ実証研究は数が限られている。

米国における1979～88年までの新規の住宅建設において断熱技術の導入に影響を与えた諸要因の経済分析を行ったJaffe and Stavins（1995）は、エネルギー価格と新規住宅建設における平均的な断熱技術導入コストの動学的な影響を検証している。エネルギー価格の変化をエネルギー使用における環境税の効果の指標として解釈し、導入コストの変化を技術導入のための補助金の指標として解釈している。断熱技術の導入に関して、環境税や技術導入に対する補助金が有効で、直接規制の有効性は明らかにならなかった。エネルギー価格の上昇は、より優れた断熱技術を導入しようというインセンティブを刺激し、採用される断熱技術レベルを高める効果があったとした。ただ、実際の断熱技術の導入に関しては、エネルギー価格の上昇よりも、断熱技術の導入コストの影響の方が大きいことも明らかにした。

Kerr and Newell（2003）は、米国石油精製プラントでの鉛低減技術の導入に注目し、その技術の導入インセンティブにプラントの規模や規制の強制度合がもたらす影響について検証し、新技術の導入インセンティブは規制の強制度合に大きく影響されることを明らかにした。また新技術導入には排出権取引が有効な政策であるということも示されるとともに、規模が大きく最先端の技術を結集している精製所ほど、新技術の導入コストを低く抑えることが可能なため、新技術導入に積極的である傾向が見られるとした。

米国の火力発電所における SO_2 排出削減を可能にする排煙脱硫装置の導入に注目した Keohane（2007）でも、導入インセンティブは柔軟性のある経済的手法の下で高まるという結果が示され、1990年改正法によりスタートした SO_2 排出権取引の有効性を明らかにした。具体的には、企業における脱硫装置を導入するか、SO_2 排出量の少ない石炭へ燃料転換するかの選択は、1990年改正法以前の直接規制実施時よりも排出権取引実施時の方が進み、企業が両者の価格差に敏感に反応したことが明らかになった。

このように、経済的手法の方が新技術の導入インセンティブにより影響を与えるという結果が出ているが、Frondel *et al.*（2007）などのように、導入する技術のタイプによって適切な環境政策が異なってくることを示した研究もある。Frondel *et al.*（2007）は、OECD 7ヵ国のデータを用いて、政策がエンド・オブ・パイプ型技術、または革新的な新技術の導入に与える影響を検証した結果、直接規制はエンド・オブ・パイプ型技術をより促進する傾向があり、経済的手法は革新的な技術の導入をより促進する傾向があることを示した。

4-3　「ポーター仮説」の影響

環境政策とイノベーションの誘発・普及の関係について整理してきたが、ここで経営学的側面からその関係に切り込んで新たな視点を提示し、議論に一石を投じた「ポーター仮説（Porter Hypothesis）」にも触れたい。1990年代初頭にハーバード大学の経営学者ポーター教授により提唱されたこの仮説（Porter 1991；Porter and van der Linde 1995）は前述の国内外の「グリーン・イノベーション」成長戦略や、「グリーン・ニューディール」の論拠の背景ともなった。

従来、経済成長と環境保全は相反する概念だと考えられることが多かった。それは、厳しい環境規制が設定されれば、企業は規制遵守のための費用を負担せねばならなくなり、その結果、生産性が下がり競争力を失う可能性がある。そのため、経済学者の間では、行き過ぎた規制は、企業の国際的な競争力を削ぎ、経済成長を停滞させる恐れがあるという考え方が常識として理解されていた。

しかし、こうした経済成長と環境保全のトレードオフの関係に新たな視点を提示したのがポーター仮説で、環境規制が適切にデザインされるならば、その規制の強化によってかえって費用節約・品質向上をもたらすイノベーションが創出される可能性が生まれる、そして規制遵守費用が相殺されるだけでなく、生産性を向上させ企業の競争力を強化し得ると述べた。その仮説の根拠として、環境規制が相対的に厳しい日本やドイツにおいて当時の米国よりもGNPや生産性の上昇率が高かったことを示し、環境規制への対応を通してイノベーションを創出して利益を獲得している企業の具体的な事例を挙げた。

適切にデザインされた環境規制は汚染削減のみならず企業の利益にもつながり得るという見解を提示したこのポーターの主張は、驚くことにたった1ページにまとめられた記述であり、十分に議論し尽くしたとは言い難いとされている（伊藤・浦島 2013）が、発表以来、議論に大きな影響を与え、果たしてポーター仮説は実際に成立するのか、多くの研究が検証を試みてきた。当初は、ポーター仮説の成立に否定的な理論研究が圧倒的に多かった。例えば、Palmer *et al.*（1995）は、完全情報下での企業の利潤最大化行動を前提にすると、イノベーションによって私的純便益が発生するならば、敢えて政策を設定しなくても企業自らがR&Dに積極的に従事しているはずであると反論した。Filbeck and Gorman（2004）やBrännlund and Lundgren（2009）などでも、先行研究のレビューや米国やスウェーデンの実証分析より、ポーター仮説は限定的な条件の下でのみ成立、もしくは全く成立しないとされた。

その後、次第に、どのような条件下ならばポーター仮説が成立し、排出削減と利潤増加の両方をもたらすwin-winの状況が実現できるのかという点に関心が移っていく。Jaffe and Palmer（1997）は、ポーターが紹介した事例には様々なタイプのイノベーションが含まれているとし、分析において混乱を避けるために、ポーター仮説をさらに以下のように3つのバージョンに分類した。論文で説明されている順番で紹介していくと、まず1つ目は、「狭義のポーター仮説（“narrow” version）」で、規制される側の企業等に創意工夫を認める柔軟性の高い環境規制は、直接規制などと比べて、イノベーションに対するインセンティブを促進するというものである。そのため、イノベーションの誘発には、製造プロセスに対する規制（製造プロセスにおける技術指定など）ではなく、環境パフォーマンスに対する規制（汚染排出総量の規制など）を実施するべきであり、政策選択が重要であるという視点を提示している。

2つ目は、「弱いポーター仮説（“weak” version）」で、適切にデザインされた環境規制は何らかのイノベーションを誘発するという内容であるが、そのイノベーション自体が企業にとって、生産性の向上や、市場競争力の強化をもたらすとは限らないとしている点に注意が必要である。また、環境規制により、従来のR&D費が環境規制遵守のために支出される、つまり、他のR&Dを犠牲にして、環境関連のR&Dが活発になることも示している。もし仮に規制遵守のためだけにR&D費が使用されるならば、将来的に競争力や生産性の低下をもたらしかねないことを示している。

そして、3つ目は、「強いポーター仮説（“strong” version）」と呼ばれ、新しい環境規制という外生的にもたらされたショックが良い意味で企業のR&Dを刺激・促進し、規制遵守と利潤増加の両立を実現させるイノベーション（新しい製品またはプロセス）を生み出し、そのイノベーションは規制遵守のために発生する追加的コストを相殺して、最終的には企業の競争力を高めるとしている。この仮説によると、新しい環境規制が企業に非効率的な点に気付かせ、それを是正しようとすることで、それまで全く思い付かなかった新しい製品や製造プロセスを生み出すことが可能となるという。これこそが、まさに、ポーターが意図したものである。

この「強いポーター仮説（"strong" version）」の成立を短期的に実現するケースは極めて稀であるとされるが、主に次の２つの場合に成立する可能性があると考えられている。まず１つ目は、組織の構造的な問題が存在するケースである。Gabel and Sinclair-Desgagne（1998）は、企業内に資源利用の非効率性が存在している場合、環境規制の強化は企業組織の再構築を促す外生的なショックとして機能し、汚染削減とともに効率性改善を促すと考えた。また、Ambec and Barla（2002）は、企業内部に情報の非対称性、欠陥のあるガバナンス体制などの問題が存在する場合、外生的に課せられる環境規制によってそれらの問題が是正され、ポーター仮説が実現されるとした。さらに、Ambec and Barla（2006）は、企業はトップの判断ミスにより最適な投資チャンスを見誤る場合があるが、環境規制はこの判断ミスを乗り越え、利潤最大化の実現を手助けする可能性もあり、その結果、イノベーションを促進するという。

２つ目に挙げられるのは、資本構成が最適でないケースである。新しい生産設備ほど生産性が高く汚染物質の排出量が少なくなるという技術的特性を考慮し、環境規制が資本構成に与える影響を分析している Xepapadeas and de Zeeuw（1999）では、容易に win-win な状況の実現は必ずしも期待できないとしつつも、環境規制という外生的ショックによって資本構成が最適になったならば、少なくとも規制強化に伴う遵守コストを低減することができるとした。つまり、環境規制の影響で、企業が環境負荷の大きい旧式の生産設備を廃棄して資本ストックを刷新し、また平均設備年数を低下させることが可能ならば、資本の生産性上昇がもたらされるため、規制強化に伴って発生するコストの負担を小さくすることができると考えた。また、Mohr（2002）は、学習モデルより内生的な技術変化はポーター仮説の実現を可能にすると述べ、政府が技術基準による規制などのように、企業に一律に新技術の採用を求める環境政策を実施するならば、環境改善も生産性向上も可能になると考えた。

このように、ポーター仮説は、当時の環境経済学者の間では常識と考えられていた経済成長と環境保全のトレードオフの関係に経営学の立場から新たな視点を提示し、議論を巻き起こした。このように関心を集めたのは、ポーター仮説が環境政策は単に企業行動を制約するものではなく、イノベーションを生み出すきっかけになり、最終的には競争力の強化につながる可能性があるということを示したことで、環境政策を策定する側からも大変注目されたからではないかと考える。ポーター仮説が示すwin-winの関係は、経済成長と環境保全の両立を目指す「持続可能な発展」を実現するための大きなヒントとなるが、これまでの先行研究から整理したように、残念ながらその成立を短期的に実現するケースは極めて稀であるとされる。「持続可能な発展」を進めていくためにも、ポーター仮説の成立要件や環境を引き続き解明していくことは意義がある。

5　おわりに

本章では、イノベーションと環境政策の関係に注目した先行研究を取り上げた。具体的には、環境政策がイノベーションの創出にどのような影響を与えているか、また創出されたイノベーションの普及にどのような影響を与えているかを検証しているわけだが、それらの研究は環境政策がいかにイノベーションの創出や普及に大きな役割を果たしてきたかを示している。経営学の視点から提示されたポーター仮説も、環境政策のイノベーション誘発に与える影響に興味深い解釈を加えている。

実際に、自身の研究の一環で2017年度に再生可能エネルギー分野の製造業の企業を対象に実施したアンケートの結果を見ると、R&D実施に関する企業判断に影響を与える様々な要因の中でも、環境政策が新製品の開発やプロセスイノベーションの誘発に大きな影響を与えていることが分かった。

またイノベーションの創出には、外生的な要因だけでなく、企業の自主的な環境行動やCSR意識などの内生的な要因も重要な役割を担っていることが分かる。企業の自発的な判断もある種のイノベーションの誘発には有益だという発見は、策定中の環境政策の強制範囲や強制力の度合を精査し、どの程度企業などの経済主体に自由を与えるべきか検討する際に重要な視点を提示する。

一方、イノベーションの普及については、その生み出された技術の内容によって、どのような要因が大きく影響を与えているのか異なる。例えば、汚染を改善もしくは防止するための技術は、環境政策なくしてはなかなか普及しない場合が観察される一方、エネルギー効率を高める技術に関しては、環境政策の果たす役割よりも、企業の経営判断や消費者側の行動が大きく影響をもたらしていることが先行研究から明らかになっている。またさらに普及と一口に言っても、国内における普及と、国際間の普及とでは、異なった特徴が見られる。気候変動などのグローバルな環境問題を念頭に置いた時、国際間の普及はとりわけ重要であるが、普及の速度や質は対象となる国々の環境政策や貿易政策などの影響で変化する。そのため、国際間の普及について検証する際は、国内における普及では関係しない観点も考慮に入れて、より詳細な分析を進めていく必要がある。

さらに、創出されたイノベーションが社会にどのようなインパクトを与えているのかについても、議論していくことは重要であるが、それには多くの課題が存在する。例えば、イノベーションが創出されても、そのイノベーションの普及の速度は遅いことが多い。これは、既存の技術に対して創出された新技術が価格競争力の面で劣っていることが往々にして多く、新技術が十分な導入インセンティブを提供できないからである。そのため、新技術が導入された場合の分析に値する質の良い十分なデータを入手することが難しく、この点がイノベーションの社会に与えるインパクトについての分析を困難にさせている。

グローバルな環境問題に直面する中、経済成長と環境保全の両立は不可欠なものとなってきている。両者の実現を可能とする持続可能な発展のためには、これまでの取り組み方では不十分であり、より多くのイノベーションを生み出していくことは必要な挑戦である。そのためにも、どのような条件ならイノベーションを誘発できるのか、どのようにそのイノベーションを普及させていくことができるのかといった問題意識は重要である。イノベーションに関する研究は、前述のように様々な制約から困難もあるが、それだけまだ発展の余地があるとも考えられる。持続可能な発展の実現のためにも、より多くの研究がなされ、イノベーション創出や普及に関するメカニズムが解明されていくことを望む。

参考文献

Ambec, S. and P. Barla（2002）"A Theoretical Foundation of the Porter Hypothesis," *Economics Letters*, vol. 75, no. 3, pp. 355–360.

Ambec, S. and P. Barla（2006）"Can Environmental Regulations Be Good for Business? An Assessment of the Porter Hypothesis," *Energy Studies Reviews*, vol. 14, no. 2, pp. 42–62.

Arimura, T. H., A. Hibiki and N. Johnstone（2007）"An Empirical Study of Environmental R&D: What Encourages Facilities to be environmentally-Innovative?" in *Environmental Policy and Corporate Behaviour*, ed. by Johnstone, N., Paris, Edward Elgar Publishing, pp. 142–173.

Bauman, Y., M. Lee and K. Seeley（2008）"Does Technological Innovation Really Reduce Marginal Abatement Costs?: Some theory, algebraic evidence, and policy implications," *Environmental and Resource Economics*, vol. 40, pp. 507–527.

Brännlund, R., and T. Lundgren（2009）"Environmental Policy Without Costs?: A Review of the Porter hypothesis," *International Review of Environmental and Resource Economics*, vol. 3, no. 2, pp. 75–117.

Brunnermeier, S. B. and M. A. Cohen（2003）"Determinants of Environmental Innovation in US Manufacturing Industries," *Journal of Environmental Economics and Manage-ment*, vol. 45, no. 2, pp. 278–293.
http://www8.cao.go.jp/cstp/nesti/index.html

Demirel, P. and E. Kesidou（2011）"Stimulating Different Types of Eco-innovation in the UK: Government policies and firm motivations," *Ecological Economics*, vol. 70, Issue. 8, pp. 1546–1557.

Downing, P. B. and L. J. White（1986）"Innovation in Pollution Control," *Journal of Environmental Economics and Management*, vol. 13, no. 1, pp. 18–29.

European Commission（EC）（2015）（2015.3.30–31 のインタビューによる.）

European Commission（EC）（2016）

http://ec.europa.eu/clima/policies/（最終アクセス：2016.11.29）
European Commission（EC）（2018）.
http://ec.europa.eu/clima/policies/（最終アクセス：2018.12.17）
Filbeck, G. and R. Gorman（2004）"The Relationship between Environmental and Financial Performance of Public Utilities: The role of regulatory climate," *Environmental and Resource Economics*, vol. 29, no. 2, pp. 137–157.
Fischer, C., I. W. H. Parry, and W. A. Pizer（2003）"Instrument Choice for Environmental Protection when Technological Innovation is Endogenous," *Journal of Environmental Economics and Management*, vol. 45, no. 3, pp. 523–545.
Frondel, M., J. Horbach and K. Rennings（2007）"End-of-pipe or Cleaner Production?: An empirical comparison of environmental innovation decisions across OECD countries," *Business Strategy and the Environment*, vol. 16, pp. 571–584.
Gabel, H. L. and B. Sinclair-Desgagne（1998）"The Firm, its Routines and the Environment," in *The International Yearbook of Environmental and Resource Economics 1998/1999: A Survey of Current Issues*, eds. by Tietenberg, T. and H. Folmer, Cheltenham, Edward Elgar, pp. 89–118.
González, R. and E. B. Hosoda（2016）"Environmental Impact of Aircraft Emissions and Aviation Fuel Tax in Japan," *Journal of Air Transport Management*, vol. 57, pp. 234–240.
Hamamoto, M.（2006）"Environmental Regulation and the Productivity of Japanese Manufacturing Industries," *Resource and Energy Economics*, vol. 28, pp. 299–312.
Inoue, E., T. H. Arimura and M. Nakano（2013）"A New Insight into Environmental Innovation: Does the maturity of environmental management systems matter?," *Ecological Economics*, vol. 94, pp. 156–163.
Jaffe, A. B. and R. N. Stavins（1995）"Dynamic Incentives of Environmental Regulations: The Effects of Alternative Policy Instruments on Technology Diffusion," *Journal of Environmental Economics and Management*, vol. 29, pp. 43–63.
Jaffe, A. B. and K. Palmer（1997）"Environmental Regulation and Innovation: A Panel Data Study," *Review of Economics and Statistics*, vol. 79, no. 4, pp. 610–619.
Johnstone, N., I. Hascic, and D. Popp（2010）"Renewable Energy Policies and Technological Innovation: Evidence Based on Patent Counts," *Environmental and Resource Economics*, vol. 45, no. 1, pp. 133–155.
Jung, C. H., K. Krutilla, and R. Boyd, "Incentives for Advanced Pollution Abatement Technology at the Industry Level: An evaluation of policy alternatives," *Journal of En-*

vironmental Economics and Management, vol. 30, 1996, pp. 95–111

Keohane, N. O.（2007）"Cost Savings from Allowance Trading in the 1990 Clean Air Art," in *Moving to Markets in Environmental Regulation: Lessons from Twenty Years of Experience*, eds. by Kolstad, C. E. and J. Freeman, New York, Oxford Univ. Press.

Kerr, S. and R. G. Newell（2003）"Policy-induced Technology Adoption: Evidence from the U. S. lead phasedown," *Journal of Industrial Economics*, vol. 51, no. 3, pp. 317–343.

Lange, I. and A. Bellas（2005）"Technological Change for Sulfur Dioxide Scrubbers under Market-Based Regulation," *Land Economics*, vol. 81, no. 4, pp. 546–556.

Lanoie, P., J. Laurent-Lucchetti, N. Johnstone, and S. Ambec（2011）"Environmental Policy, Innovation and Performance: New insights on the Porter hypothesis," *Journal of Economics and Management Strategy*, vol. 20, no. 3, pp. 803–842.

Matsuno, Y, T. Terao, Y. Ito, and K. Ueta（2009）"The Impacts of the SOx Charge and Related Policy Instruments on Technological Innovation in Japan," The Joint Meetings of Tax and Environment Experts, OECD, 20 Nov. 2009, Paris

Milliman, S. R. and R. Prince（1989）"Firm Incentives to Promote Technological Change in Pollution Control," *Journal of Environmental Economics and Management*, vol. 17, no. 3, pp. 247–265.

Mohr, R. D., "Technical Change, External Economies, and the Porter Hypothesis," *Journal of Environmental Economics and Management*, vol. 43, no. 1, 2002, pp. 158–168.

Montero, J. P.（2002）"Market Structure and Environmental Innovation," *Journal of Applied Economics*, vol. 5, no. 2, pp. 293–325.

Newell, R. G., A. B. Jaffe, and R. Stavins, "The Induced Innovation Hypothesis and Energy-saving Technological Change", *The Quarterly Journal of Economics*, vol. 114, no. 3, 1999, pp. 941–75.

Palmer, K., Oates, W. E. and Portney, P. R.（1995）"Tightening Environment Standards: The Benefit-Cost or the No-Cost Paradigm?", *Journal of Economic Perspectives*, vol. 9, no. 4, pp. 119–132.

Popp, D.（2002）"Induced Innovation and Energy Prices," *American Economic Review*, vol. 92, no. 1, pp. 160–180.

――――（2003）"Pollution Control Innovations and the Clean Air Act of 1990," *Journal of Policy Analysis and Management*, vol. 22, pp. 641–660.

Popp, D., R. G. Newell, and A. B. Jaffe（2010）"Energy, the Environment, and Technological Change," in *Handbook of the Economics of Innovation vol. II.*, ed. by Hall, B. H.

and Rosenberg, N., Amsterdam, North-Holland, pp. 873–937.

Porter, M. E.（1991）“America's Green Strategy,” *Scientific American*, vol. 264, no. 4, p. 96.

Porter, M. E. and van der Linde C.（1995）“Toward a New Conception of the Environment－Competitiveness Relationship,” *Journal of Economic Perspectives*, vol. 9, no. 4, pp. 97–118.

United Nations Framework Convention on Climate Change（UNFCCC）（2016）Report of the Conference of the Parties on its twenty-first session, held in Paris from 30 November to 13 December 2015（Paris Agreement）.
http://unfccc.int/resource/docs/2015/cop21/eng/10a01.pdf

Xepapadeas, A. and de A. Zeeuw（1999）“Environmental Policy and Competitiveness: The Porter Hypothesis and the Composition of Capital,” *Journal of Environmental Economics and Management*, vol. 37, no. 2, pp. 165–182.

伊藤康・浦島邦子（2013）「ポーター仮説とグリーン・イノベーション―適切にデザインされた環境インセンティブ環境規制の導入」『科学技術動向』2013年3・4月号.

環境省（2016）地球温暖化対策計画
https://www.env.go.jp/press/files/jp/102816.pdf（最終アクセス：2016.11.28）

内閣府（2016）エネルギー・環境イノベーション戦略（NESTI2050）

第5章

統合評価モデルによる地球温暖化の経済影響評価の現状と課題

坂上 紳

1　統合評価モデルによる地球温暖化の経済影響評価について

統合評価モデル（IAM: Integrated Assessment Models）とは、自然科学から社会システムまで様々な要因が絡んだ複雑な問題を解決するために近年発展してきたモデルであり、2種類以上の分野にまたがる知識を1つのモデルとして表現したものとして定義され、統合評価モデルの歴史に関する包括的説明についてはNordhaus（2013）が詳しい。この統合評価モデルが利用される分野として、国際的な環境問題の影響を受ける経済の定量的評価がある。近年、オゾン層の破壊や酸性雨など、経済活動が資源の浪費や化学物質の排出を通じて国内外の環境に様々な影響を与えることは知られてきたが、環境への影響を定量的に測り、その結果を様々な環境政策を行う政策当局に情報提供することを統合評価モデルは可能とする。特に、統合評価モデルが有効とされるのは二酸化炭素やメタンガスなど経済活動やその他の活動により排出される温室効果ガスがもたらす地球温暖化問題の分析である。地球温暖化については、これまで気候モデルをもとに温室効果ガスと放射強制力、そして海水温や大気温の関係が定式化される一方で、経済についても経済データに基づくマクロモデルが構築されてきた。これらを統合することで、経済活動により発生した温室効果ガスが地球温暖化をもたらし、さらに地球温暖化により経済活動が影響を受けるという統合評価モデルを構築することが可能となる。

温室効果ガスの増加や気温上昇に伴い、世界で地球温暖化問題に対する認識がより深まる中で、統合評価モデルによる研究が急速に増加していった。Nordhaus（2013）にあるように、1990年代前半まではほぼ見られなかった統合評価モデルに関する論文は、2000年代になると学術雑誌に掲載されたものだけで100を超えるようになり、これらはますます増加している。その理由としては、近年のコンピュータの演算能力の飛躍的向上、一般均衡の計算に適したソフトウェアの開発、経済データ、地理データ、気象データなどのデータの整備と共有、ノードハウスらの統合評価モデルの先行研究において用いられた手法が広く公開されたことなどが考えられる。

これらの研究成果については多くの学術雑誌などで発表されてきた。そして、近年は、IPCC（the Intergovernmental Panel on Climate Change）を通じてそれらの成果はまとめられ、世界の研究者によってレビューされたのち、数年おきに3冊のレポートとしてまとめられており、2013年から2014年にかけてFifth Assessment Report（AR5）と呼ばれる第5版のレポート（IPCC 2018）が出版され、現在は第6版が準備中である。このように、特に近年は、地球温暖化やそれへの対策についての経済影響評価が行われている中で、様々な統合評価モデルの結果について比較検討することで、より正確な影響評価を行えるような試みがなされている。

本章では、統合評価モデルについて、DICE、RICE、FUND、AIMなどいくつかの具体的なモデルを紹介し、さらに上智大学の鷲田豊明教授によって開発されたEMEDA（the Evaluation Model for Environmental Damage and Adaption）について紹介する。EMEDAでは、国際産業連関表を用いて経済部門の細分化を行い、さらに地球温暖化による被害やその対策費用により各産業部門がどのように影響を受けているかを様々な状況で分析し、その成果を継続的に発表してきた。このEMEDAについてのこれまでの研究成果を紹介しながら、最後に統合評価モデルの利点とその難しさ、今後の課題などについて議論していく。

2　統合評価モデルにおける先行研究

2－1　統合評価モデルの歴史と DICE モデル

統合評価モデルにおいて最も知られた経済学者がウィリアム・ノードハウスである。2018 年に気候変動を長期的マクロ経済分析に統合した功績によりノーベル経済学賞を受賞した。

ノードハウスは地球温暖化問題における統合評価モデルについて、５つの流れを紹介している（Nordhaus 2013）。第１に化石燃料使用による二酸化炭素の増加、第２に大気や海洋の炭素循環、第３に気温上昇、海流の変化、降水量変化、海面上昇など気候システムの変化、第４に生態系、農業、病気、レジャーなど人間活動全般への影響、最後に排出制限や税金や補助金など二酸化炭素排出に対しての温暖化防止政策である。この流れは多くの統合評価モデルに共通しており、特に二酸化炭素の排出や炭素循環、気候システムについては共通のモデルやシナリオを用いることが多いが、人間活動全般への影響や温暖化防止対策に関わる世界経済モデルの構築についてはモデルにより大きな違いがある。このため、同じ気候・社会経済シナリオのもとでも結果に大きな違いが生じうる。

また、近年のいくつかの統合評価モデルでは、1960 年代以降に発展したエネルギーモデルをもとにエネルギー部門を取り入れたものも増えている（Nordhaus 2013）。ノードハウスは 1970 年代から二酸化炭素排出や炭素循環、小さい気候モデルを取り入れたエネルギーモデルを発表しているが、それと同時期に経済成長モデルを全て取り入れたマクロモデルを用いたランドマークとなる研究として Manne（1976）がある。そして、これらに影響を受けてできたのが後述する DICE モデル（the Dynamic Integrated model of Climate and the Economy）である。また、近年のエネルギーを考慮したモデルでは、石油、石炭、ガスの１次エネルギーや発電部門を分離して取り扱い、さらに原子力、太陽光や風力などの再生可能エネルギー、生長段階で炭素を吸収する植物を原料としたエネルギーであるバイオマスエネルギー、化石燃料の燃焼などで発生した二酸化炭素などを回収し地下深くに貯留する炭素貯留（CCS: Carbon dioxide Capture and Storage）などの技術も取り入れ、将来のエネルギーの利用方法の予測を可能としている。以下では、いくつかの代表的な統合評価モデルについて紹介していくことで、統合評価モデルの特徴をみていく。

ノードハウスは、1990年代の早期から『地球温暖化の経済学』（Nordhaus 1994）などマクロ経済モデルに気候モデルを取り入れて定式化を行ったことで知られている。このモデルはDICEモデルとして知られており、データやパラメータや数式のアップデートを続けながら現在でも用いられている最もよく知られる統合評価モデルである。

Nordhaus（1994）では、DICEモデルにおいて、実際の経済データに加え、気候モデルから得られたパラメータ、様々な研究から得た地球温暖化の気温上昇幅に依存して決まる影響評価関数などを構築し、消費と人口に依存した効用の割引現在価値最大化を行うラムゼー型の最適化モデルとして100年以上にわたる長期間を10年刻みにしてコンピュータにより計算し、将来の経済や気候変動の予測を行うことを可能とした。

DICEモデルでは世界は1地域として取り扱い、経済も1部門のみである。DICEモデルを構成する式は、効用、生産、投資といった基本的な経済モデルに加えて、二酸化炭素排出、二酸化炭素の濃度、温室効果ガスの放射強制力、大気温度、深海温度、温暖化損失額、二酸化炭素の排出削減費用などの簡易気候モデルも含む。特に特徴的なのは、以下で表される生産関数である。

$$Q_t = \frac{1 - 0.0686\mu_t^{2.887}}{1 + 0.00144T_t^2} A_t K_t^{0.25} L_t^{0.75}$$

ここで、tは時点、Qは生産量、Aは技術水準、Kは資本ストック、Lは労働投入を表しており、この式の右側部分は通常のコブダグラス型生産関数である。DICEモデルでは、この通常の生産関数に加えて二酸化炭素の排出削減率μから計算される排出削減費用、気温上昇Tで表される地球温暖化による被害が加わっている。つまり、生産により増加する二酸化炭素排出は気温上昇による地球温暖化をもたらし、気温上昇Tの2次関数を通じて最終的に生産活動に損失を与える。また、二酸化炭素排出量を減らすことで気温上昇は抑えられ損失は低下するが、一方で排出削減率 μ の上昇により二酸化炭素の排出削減費用の増加がおこり生産は低下する。効用最大化では、このバランスを考えて最適な消費や排出削減率を決定する。

各式のパラメータの推計については、気候と炭素循環式、二酸化炭素の排出、排出削減費用それぞれについて先行研究や利用可能なデータを用い、特定化を行っている。計算には現在でもよく用いられる非線形プログラミングシステム GAMS（General Algebraic Modeling System）を採用している。計算期間としては、最初の 20 期間（200 年）を安定化させるために 60 期間を始めに計算し、そこで得られた結果をもとに 40 期間を改めて計算して、最初の 20 期間の結果を用いるという方法をとる。そして、シナリオとしては、排出削減なし、効用最大化、10 年遅れで最適、1990 年水準排出量安定化、1900 年以降の気温上昇合計を 1.5 ℃以下とする気候安定化などをおき、それぞれについて消費の現在価値を計算することで、特に 1.5 ℃以下に抑える場合に消費の現在価値が 5% 以上も減少することを示した。このように消費や GDP の様々なシナリオ間での比較は現在でも用いられる一般的な手法である。また、パラメータ感度分析、不確実性の考慮、逐次的意思決定なども試みているが、これらも現在まで課題となっている重要な問題の先駆けである。

DICE モデルの特徴としては、単にモデルを構築するだけでなく、そのモデルにおける仮定、数式、パラメータの計算方法、使用プログラム、使用例としての論文や書籍などがノードハウスの web サイトなどで一般に公開されている点であり、これにより他の研究者が容易にその手法について知り、利用することができた。このため、DICE モデルによる研究が、地球温暖化における統合評価モデルの代表的なものとしてその後の研究に大いに影響を与えたといえる。

2－2　RICE モデル

DICE モデルは気候モデルを取り入れた経済 1 部門の世界 1 地域モデルであり、二酸化炭素も生産から排出されるシンプルな構造であった。だが、その後のノードハウスや他の経済学者によるモデルでは、経済部門やエネルギー部門が多部門に細分化されたり、海面上昇や生物多様性損失など様々な影響評価を試みたり、世界を多地域に分割することで貿易を含めた経済の動きを取り入れたり、様々な改善が行われてきた。

RICEモデル（Regional Integrated Climate-Economy model）はDICEモデルをもとにNordhaus and Yang（1996）によって開発され、世界を多地域に分割したモデルである。この1バージョンであるRICE99（Nordhaus and Boyer 2000）では、世界をアメリカ、欧州・OECD（Organisation for Economic Co-operation and Development）加盟国、日本やカナダなどのその他高所得地域、ロシア・東欧、韓国などの中所得地域、低中所得地域、中国、低所得地域と8つに分割して分析している。これに合わせ、各地域の地球温暖化による影響関数も地域別に再計算しているが、被害を受けるセクターとして、農業、海面上昇、その他市場、健康、非市場アメニティ、人間居住や生態系、大災害の7種類を考慮し、それぞれを地域別に計算して被害額を集計し、大気温度の2次関数のパラメータを地域別に推計している。また、二酸化炭素の排出削減費用についても地域間でパラメータが異なる。このため、RICEモデルにおいては地球温暖化やその対策について地域間の影響の差が明確になっており、同じ気温上昇でも各地域での影響が異なるのが特徴である。DICEモデルやRICEモデルはその後も改良がなされ、データの更新、海面上昇の影響評価関数への導入などが行われながら現在まで用いられている。

2-3　FUNDモデル

ノードハウス以外が開発したモデルとしてよく知られるものの1つが、トルらによって開発されたFUNDモデル（The Climate Framework for Uncertainty, Negotiation and Distribution）である（Tol 1995；2002a；2002b）。FUNDモデルは1950年から2300年までの推計を行う世界16地域の統合評価モデルである（FUND 2018）。このモデルの特徴は、被害関数が動学を考慮して詳細に記述されている点である。被害関数などFUNDモデルを構成する数式はバージョンごとにwebサイトにノートとしてまとめられており、最新モデルの

FUND3.9では農業、林業、水資源、エネルギー消費、海面上昇、生態系、コレラやマラリアなどの疫病、心疾患や呼吸器疾患などの健康被害、熱帯低気圧や温帯低気圧など様々な影響について数式による定式化がなされ、パラメータの推計や仮定が行われている（FUND 2018）。この影響評価関数は各部門で異なる定式化がなされているため、ノードハウスのモデルの影響評価関数と比べてより利用しやすい形になっていることもあり、他の研究者によって様々な形で影響評価関数の利用や改良がなされている。ただ、細かいパラメータの根拠については、データが古い点や専門家レビューなど根拠が曖昧な点もあり、この関数を利用する際は注意をする必要がある。

2-4　AIMモデル

日本で開発された統合評価モデルとして最も知られるものが、国立環境研究所が開発したAIMモデル（Asia-Pacific Integrated Model）である。AIM（2018）によると、AIMモデルは1991年に国立環境研究所と京都大学の松岡譲教授（当時）が共同で始めたプロジェクトがスタートであり、1994年にアジア諸国の有数の研究機関との国際協力プロジェクトが始まるなど、アジア中心に順次発展しながら現在でも用いられている。地域については国別データを目的ごとに集計する形で利用する。AIM-CGE（Computable General Equilibrium）モデルについてみると、地域については17地域（AIM 2018）、部門についてはエネルギー19部門・非エネルギー19部門（Fujimori *et al.* 2012）からなっており、エネルギー部門について細分化されたモデルであり、資本や温室効果ガスのストック量などを次期に引き継ぎながら2005年から2100年まで1年ごとに毎期の均衡を現在から順々に求めていく逐次均衡モデルである。利用されるデータや数式などについてはAIM-CGEモデルのマニュアルであるFujimori *et al.*（2012）がwebサイトなどで公開されており、これをみると、産業間の取引である産業連関表を含み、経済を包括的に記述する社会会計表（SAM: Social Accounting Matrix）や、国際産業連関表データを含むGTAP（Global Trade Analysis Project）Data Baseで用いられるcodeとAIMの地域・部門とのリンク、生産部門・所得部門・支出部門・市場部門との関連性などが記載されている。また、生産要素の中で労働や資本などの付加価値とは別にエネルギー投入が詳細に分けられており、石炭、石油、ガス、電力などが異なる部門として構成されている。このため、AIM モデルを用いて各シナリオを分析することで、どのように各エネルギーが将来利用されるか分析することが可能となる。最近の分析例としては ICA-RUS（2017）第 3 章・第 4 章「対策評価」において AIM モデルによる将来のエネルギー需給の予測がある。AIM モデルは、目的に応じてカスタマイズされたバージョンが複数あり、現在は温室効果ガス排出（AIM/emission）モデル、グローバル気候変動（AIM/climate）モデル、気候変動影響（AIM/impact）モデルの 3 つの主要なモデルから構成される。また、目的によりさらに別のモデルも開発されており、地球温暖化政策評価やエネルギー政策評価など様々な形で国内外の政策評価などに用いられ続けており、国際的な統合評価モデルの結果比較においても主要な役割を果たしている。

2-5　統合評価モデルの公開情報について

統合評価モデルを取り扱う研究機関は 40 以上存在するが、そのモデルについて必ずしも全ての情報が公開されているわけではない。そのため、他の研究者がモデルを取り扱うことは基本的には難しい。ただ、前述した DICE モデルなど一部のモデルについては数式やその推計方法、パラメータの値などが公開されており、それらは他の研究にも影響を与えている。

統合評価モデルに関わる研究者団体である IAMC（Integrated Assessment Modeling Consortium）では、これら多数の統合評価モデルについての情報をまとめるため、IAMC wiki（IAMC 2018）を作り情報を集約している。この web サイトでは、AIM など一部のモデルについて、モデル構造などの説明が記載されており、それぞれのモデルがどのような特徴を持つかわかる形になっている。

DICE モデルの公開状況については、すでに述べたように初期の DICE モデルについては書籍が出版されており、また継続的に改善された DICE モデルに関する書籍や論文が発表されている。プログラムやデータやパラメータについてもノードハウスのwebサイト（Nordhaus 2018）で公開されており、GAMSなどのソフトウェアを利用することで計算を再現することも可能である。

RICEモデルでも、その詳細な構築方法について、書籍としてNordhaus and Boyer（2000）があり、DICEと同様に多くのデータや一部プログラムなどが利用可能である。ただ、計算プログラムについてはDICEと比べて複雑なアルゴリズムがあるため、DICEモデルほど積極的には公開されておらず、基本的にはExcelファイルや一部のGAMSプログラムなどパラメータは参照できるものの限られた形でしか公開されていない。

FUNDモデルについては、webサイト（FUND 2018）があり、ソースコードやモデルの説明も含めて公開されているが、前述のように影響評価関数のパラメータの一部については議論の余地があるため、そのまま用いると問題が生じうる。AIMモデルについても一部のバージョンについては公開されているが、モデルが非常に大きくバージョンも並列して多く存在しており、詳細な部分については必ずしも全てがドキュメント化されているわけでもないので、実際に利用する際には開発者や他の利用者からの情報収集などを行うことが重要となる。

3　EMEDAの構造とその特徴について

ここまで様々な代表的モデルについて紹介してきたが、本節と次節では、私も関わった統合評価モデルについての紹介を行うことで、実際に新たなモデルを構築する上で重要となる点や難しい点について見ていきたい。上智大学の鷲田豊明教授によって開発されたEMEDAは、国際産業連関表GTAPを用いて経済部門の細分化を行い、ソフトウェアのGAMSによってデータの基準年における世界経済の一般均衡を計算できるモデルである（鷲田2011）。このEMEDAについて、影響関数、さらには地球温暖化による被害やその対策費用を取り入れ、各産業部門がどのように影響を受けているかを様々な状況で分析し、その成果を継続的に発表してきた。

EMEDAは2004年を基準年とした世界16地域16部門からなるGTAP data baseから構築された産業連関表をベースとしたモデルである。各地域では輸入財を含む中間財と資本と労働から生産を行う。生産された財は輸出と国内需要に分かれ、国内需要と輸入財からアーミントン財が形成され、それが消費と投資と政府支出と中間財に振り分けられる。効用は消費と投資と政府支出により決まり、効用最大化によってこれらの関数が導出される。所得支出フローや貿易についても考慮しており、基準年でパラメータをカリブレーションすることで均衡の計算を可能としている。EMEDAの特徴としては、各地域・各部門の生産関数に異なる影響評価パラメータをかけて、地球温暖化による様々な影響を地域別・部門別に分析できる点にある。EMEDAの付加価値生産関数は以下で表される。

$$V_{jr} = \pi_{jr}^{V} F_{jr}(K_{jr}, L_{jr})$$

ここでjは産業部門、rは地域、Vは付加価値、関数Fは資本ストックKと労働投入Lに依存するCES型生産関数を表す。ここでπ_{jr}^{V}は影響評価パラメータであり外生的に与えられるが、地球温暖化による生産性の低下など地域別・産業別の様々な影響をこのパラメータの変化で表現することができる。

このように当初のEMEDAは静学モデルであり、地球温暖化のモデルを直接取り込まず、影響関数の特定化の過程で地球温暖化の影響を考慮したものを用いる形であった。ただ、現代においては動学モデルが主流であり、さらに気候変動についても温室効果ガス排出量のシナリオやGDP成長率などの社会経済シナリオについて様々なデータが公開されており、それに合わせられる構造が必要となったため、動学化したEMEDAも開発されることとなった。

動学化のモデル構築の方法については、初期にワーキングペーパーとして発表した研究を論文化したSakaue *et al.*（2017）で詳しく解説されている。この研究では、世界経済のCGEモデルであるEMEDAの動学化である動学EMEDAの構築が行われた。動学EMEDAは2004年から2100年まで1年ごとに計算する逐次均衡モデルである。第1にモデルを逐次均衡型に拡張し、毎期の投資を用いた資本蓄積を導入した。第2に人口成長率を外生的にデータより与えることで労働人口の成長を取り入れた。第3に、付加価値生産関数の全要素生産性パラメータに経済成長を取り入れることで、将来のGDP成長率予測データと整合的になるように調整を行った。第4に、RICEモデルを参考にして生産活動と消費活動から排出される二酸化炭素の排出係数を計算し、気温や海面上昇により決まる地球温暖化の被害の影響評価関数を構築した。最後に、DICEモデルを参考にして地球温暖化モデルを構築し、排出された二酸化炭素が気温上昇や海面上昇をもたらす構造を取り入れた。

動学EMEDAでは、まず、各地域が自分の効用を最大化するように消費・投資・政府支出を毎期決定し、各地域間で貿易が行われた結果、毎期の競争均衡が計算される。そして、投資により資本が毎期蓄積され、それに基づいて将来の競争均衡が各期で計算されていく。このとき、生産活動から二酸化炭素が排出され、それが簡易気候モデルを通じて二酸化炭素濃度上昇と気温上昇を引き起こし、被害関数を通じて付加価値に被害を与える。ただ、二酸化炭素排出量は、排出削減費用を費やすことで減らすことができる。以上により、動学EMEDAの付加価値生産関数については以下のように変更される。

$$V_{jrt} = \frac{1 - c_{jrt}\mu_{jrt}^{2.8}}{1 + D_{rt}(T_t, SLR_t)} F_{jrt}(K_{jrt}, L_{jrt})$$

ここでtは時点、jは産業部門、rは地域、Vは付加価値、関数Fは資本ストックKと労働投入Lに依存するCES型生産関数を表す。被害は、気温上昇Tの2次関数と海面上昇幅SLRの2次関数を付加価値で調整して合計した関数Dによって表され、温室効果ガスの排出増加により気温上昇や海面上昇が進行するとともにDの増加を通じて付加価値生産量Vが減少する。また、μは二酸化炭素の排出削減率で、cは地域・産業ごとに異なる値をとる排出削減費用に関する正のパラメータであり、これらによって排出削減費用が与えられる。つまり、二酸化炭素の排出削減率をより高くして排出量を減らそうとすればするほど付加価値生産量が減少してしまう。

なお、Sakaue *et al.* (2017) では、人口成長率に国連データ中位推計、経済成長率にSSP1データベース、二酸化炭素の排出係数変化率はRICEデータを用いているが、これらについては他のモデルでは変更をしている。

また、分析例として、コペンハーゲン合意から構築した二酸化炭素排出削減のベースシナリオに基づき、2004年から2100年まで長期間について、日本やアメリカを始めとした各地域の地球温暖化の経済影響評価を行った。排出削減ゼロのケースでは気温が4℃以上上昇してしまうが、ベースシナリオでは2.5℃以下の上昇に抑えられる一方で途上国を中心にGDP損失の大幅な増加がみられること、ただ、地域や産業によってはその程度が小さくなり、一部では逆にベースシナリオでプラスになりうることを示した。この分析シナリオは途上国の仮定など問題もあるが、地域別・産業別の経済影響が一律ではなく、間接的影響の存在により大きな差異が生まれる可能性が見られたという点で今後につながったといえる。

なお、動学EMEDAについては、16地域16部門で計算すると計算時間が比較的長くなるが、これは日本の小麦など一部の部門について値が非常に小さくなることがあり、それらが特に多くの計算回数を行うときの障害となる。このため、他の動学EMEDAの多くでは、AIMなど他の一般的モデルを参考にしながら類似の地域を統合しつつ、EMEDAでは細分化されていた農業部門を中心に部門集約し、世界8地域8部門による定式化を行うことで、計算速度を数十倍にすることに成功した。

4　EMEDAの分析について

4－1　EMEDAの研究の概要

静学モデルのEMEDAでは、影響評価関数に様々な地球温暖化の影響を導入した研究が行われてきた。Washida *et al.* (2014) は地球温暖化によって強まる熱帯低気圧の経済影響評価、Yamaura *et al.* (2017) は農業部門への経済影響評価、Yamaura *et al.* (2016) は生物多様性喪失の経済影響評価に関する研究である。

第3節で構築された動学EMEDAを用いて現実の温室効果ガス排出シナリ

オに合わせた研究には、Sakaue *et al.*（2018a）による国際的な放射強制力シナリオや社会経済シナリオの分解、Sakaue *et al.*（2018b）によるパリ協定気温目標における適応費用の推計がある。

最後に、統合評価モデルとゲーム理論を融合させた国際交渉のモデル化の試みとして、Sakaue *et al.*（2015）がある。以下ではこれらの研究について紹介していく。

4－2　静学モデル：熱帯低気圧について

Washida *et al.*（2014）では、地球温暖化による気温上昇で強められる熱帯低気圧によって生じる地域別・部門別の経済被害が推計された。分析手法としては16地域16部門のEMEDAが用いられ、付加価値やGDPの変化を通じて熱帯低気圧による生産への各地域・各部門の直接被害が貿易を通じ最終的にどのように増減するか求められた。被害については、地球温暖化による熱帯低気圧の世界各地域への直接被害を推計したNarita *et al.*（2009）の被害関数が改善され、先進国と途上国それぞれの部門間の被害の大きさの違いを考慮した調整が行われた。この被害関数では、気温上昇に伴い、熱帯低気圧の風速が上がるなどすることで経済被害が拡大することを想定しており、パラメータは過去の熱帯低気圧による経済損失データなどから推計されたものである。

この被害関数を通じて気温上昇により付加価値生産関数の値が低下するが、その直接被害がそのまま最終的な被害になるわけではない。これは、経済被害に対応して各地域各部門の生産要素や貿易などが変動することで、最終的な経済への影響が変化するためである。このとき、経済被害が緩和される場合もみられるが、その理由としては、直接被害としては各地域とも気温上昇によって熱帯低気圧が強くなることで直接効果として経済に悪影響が生じるが、その後は被害を受けた部門に労働や資本などの生産要素が移転され、さらに輸出が増加するなど生産要素代替や貿易の変化などによって一部の地域や産業においては経済が成長することがあるためである。この緩和の度合いを表すために、本研究では最終的な被害と直接被害の比率を地域別・部門別で定義した。この比率が1を超えるときはより被害が増加するが、1を下回る場合は被害が小さくなることで、どの地域のどの部門の直接被害がより酷くなっているのか、もしくは緩和されているのかが一目でわかるようになった。

この分析により、①第1次産業では16地域中4地域で経済被害が緩和されたが他の地域では被害が増加し、②第2次産業でも半数の地域で被害がより悪化し、③第3次産業でも多くの地域で被害が増加し、④ほぼ全地域で等価変分が減少した、という結果が得られた。つまり、間接効果によって多くの地域では被害がより拡大する一方、一部の地域においては被害が緩和されたことがわかる。

4-3　静学モデル：農業影響について

Yamaura *et al.* (2017) では、16地域16部門のEMEDAと、統合評価モデルの研究機関によりつくられ将来の経済成長率の推移を表す共有社会経済シナリオであるSSP（Shared Socioeconomic Pathway）を用い、2050年における地球温暖化による農業影響について分析を行った。SSPシナリオとしては、世界経済が炭素排出を抑えながら最も安定的に大幅に成長していくSSP1、炭素排出も経済成長率も中程度であるSSP2、世界経済の成長が止まり、一方で炭素排出は増加し続けるSSP3という3ケースを考えているが、特に中位ケースであるSSP2に焦点をあてている。

農業影響の度合いについては、FUNDモデルにおける農業部門への影響関数をもとに計算を行い、それをEMEDAに導入することで農業に関する各部門への影響を定量的に評価した。この関数では、気温上昇による農業生産への影響だけでなく、二酸化炭素増加により農業生産性が上昇する施肥効果も考慮している。この影響関数によって農業部門への直接被害がわかるが、さらに、EMEDAの計算結果を用いることで農業部門だけでなくその他産業部門への経済波及効果も地域別に分析が可能となった。そして、熱帯低気圧における影響評価と同様に、最終的な影響と直接影響の比率を計算することで、地球温暖化の直接影響に反応した経済の動きによって各地域各部門の経済がより悪化するのか、それとも被害が緩和されるのか、調べることができた。

分析結果としては、農業についてアメリカなど北米、EU（European Union）、東アジア、日本、ロシア、韓国、オセアニアなどでは付加価値が増加する部門がある一方、中国やインドでは付加価値が全部門で減少するなど、地球温暖化による農業部門への最終的な影響には大きな地域差が生じることが示された。

4－4　静学モデル：生物多様性喪失について

Yamaura *et al.*（2016）は、16地域17部門のEMEDAを用い、地球温暖化等により失われる生物多様性について各地域・各産業への経済影響評価を行った。特に、被害の大きい第1次産業や遺伝資源由来製薬業に注目し、地球温暖化によるこれらの部門への直接被害がどのように各部門に波及していくかを分析した。なお、ここでEMEDAが1部門増加しているのは、生物多様性喪失によって特に大きな影響を受けるとされる遺伝資源由来製薬業を重工業部門からRAS法により独立させたためである。

地球温暖化に起因する生物多様性喪失に関する経済影響評価については、FUNDモデルの影響評価関数における生物多様性の部分の数式を改良してEMEDAに導入している。そして、生物多様性損失は第1次産業と遺伝資源由来製薬業のみに影響を与えるとして直接効果をおき、最終的な各地域各部門への影響を分析している。気温上昇のシナリオとしては、統合評価モデルの研究機関によって開発共有される放射強制力シナリオRCP（Representative Concentration Pathways）に沿った形で行っている。

この結果、地球温暖化の直接被害が影響貿易などを通じ緩和されることにより、アメリカ、ロシア、EU、オセアニア、東アジア等の一部では経済成長がおこり、日本、中国、インドなどでも直接被害の緩和がみられるなど、製薬業が比較的大きい地域を中心に被害が緩和されることが示された。

4－5　動学モデル：社会経済シナリオ下での影響の分解について

Sakaue *et al.*（2018a）では、8地域8部門の動学EMEDAを用い、気候変動における地域別・産業別の経済被害について、放射強制力シナリオ（RCP）と社会経済シナリオ（SSP）のもと、温暖化の直接被害、温室効果ガス排出削減費用、その他の間接被害に分解し、地域別・産業別・シナリオ別で大きな差異があることを示した。

SSPについてはSSP1、SSP2、SSP3を採用し、SSPに合わせて経済成長率や二酸化炭素排出係数を計算した。RCPについては2℃目標に近く最も温室効果ガスを抑える場合であるRCP2.6、気温上昇が3℃以内に抑えられる中間的なRCP4.5、温室効果ガスをあまり抑えず気温が3℃以上上昇するRCP6.0を採用し、それぞれに対応する排出削減率を計算し、SSPとRCPを組み合わせた9シナリオについて分析を行った。このとき、最も経済負担が大きくなるのはSSP3-RCP2.6であり、一方でSSP1-RCP6.0についてはほぼ負担がないことになる。

このシナリオ別分析の総影響の結果についてはICA-RUS（2017）でも一部掲載されているが、本研究では、単にシナリオ別の地球温暖化による経済影響の総影響をみるだけでなく、この総影響を、温室効果ガス増加による気温上昇に起因する直接効果、温室効果ガス排出削減のためにかかる排出削減費用、これらに伴い変化する生産要素代替や貿易変化などにより生じるその他の影響の3つに分解し、それぞれについて計算した。これにより、影響評価関数より計算される直接効果だけでなく間接効果についても明示的に定量的評価することが可能となり、最終的に各地域各部門が各シナリオでどれだけ被害が増減するかがわかることになる。

結果をみると、①EU等の先進国と中南米と比べ、アジア、旧ソ連、中東アジア・アフリカにおいてより排出削減費用が高くなる、②その他の影響については、第1次産業と第3次産業で損失が大きくなり最終的な損失を拡大させるが、一方で第2次産業については逆に間接効果が小さく排出削減費用が最も大きい、③総費用としてはRCP2.6が最も費用が大きくなる、などが確認できた。つまり、二酸化炭素の排出量が多く、排出削減費用が高い第2次産業への悪影響は、他産業の間接効果の大幅な変化によって弱まり、各産業とも最終的な影響としては同じような動きになることがわかった。

4－6　動学モデル：パリ協定下での適応費用について

Sakaue *et al.*（2018b）では、8地域8部門の動学EMEDAを用い、気温上昇後の環境に費用を支払い適応することで被害を緩和する適応策の経済影響評価を試みた。適応策については、農業など一部の産業部門や一部地域においては詳細に行われているが、全球的に適応費用を推計して統合評価モデルに取り入れる研究はあまりみられないため、先行研究に従って適応費用の推計を試みた。気候変動における地域別の経済被害について、社会経済シナリオ（SSP）のもと、AD-DICE（de Bruin *et al.* 2009）にある適応に関する数式をもとにRICE2010の影響評価関数パラメータをベースとして各地域の被害を推計した。これにより、各地域各産業の温暖化による総影響を、適応費用と適応後の温暖化被害に分解した。適応水準は被害削減率で表され、適応が進むほど費用が増加し、毎期の最適な適応水準については解析的に計算可能となっている。このもとで、パリ協定の温度目標に対応した放射強制力シナリオ（RCP）や1.5℃過剰適応などについて適応水準や地域別適応費用の推計を行い、地域別で大きな差異があることを示した。

シナリオとしては温室効果ガス排出削減なし、中程度の排出削減を行うRCP4.5、2100年に2℃上昇に抑えるシナリオに近く大規模な排出削減を行うRCP2.6に加え、RCP2.6をベースにさらに適応を過剰に行うことで1.5℃レベルにまで地球温暖化による被害を抑制する1.5℃ケースも考慮し、それぞれの場合について適応費用を計算した。

地域ごとに適応費用をみると、①排出削減なしでは中国・アフリカについて他地域より高くなること、②2℃目標でも同様に中国・アフリカの負担が大きくなること、③1.5℃過剰適応の場合では日本、EU、中南米など別の地域の適応費用が大きくなるという結果となった。つまり、全体的には途上国を中心に適応費用が高いものの、場合によっては先進国も大きな適応費用に直面する可能性があることが示された。特に途上国においては財源の問題により十分な適応が難しい場合もあるため、途上国の適応に対する先進国等の支援が重要であるということが示唆される。

4-7　ゲームモデル：国際交渉による排出削減について

Sakaue *et al.*（2015）では、8地域8部門の動学EMEDAを用い、温室効果ガス排出削減の国際交渉のもと、気候変動による地域別・部門別の21世紀の経済被害の測定が行われた。多くの統合評価モデルでは、世界全体で消費の効用などについて最適解を求めるように行動するが、ここでは、二酸化炭素の排出削減については戦略的に行動する場合を想定する。これは、他国の二酸化炭素の排出削減率に合わせ、自分にとって最適な排出削減率を決めるという考え方であり、このように他者の行動に対して反応する最適化行動を考える上ではゲーム理論の利用が適切であると考え、それを採用した。ゲームのプレイヤーとしては、ここでは二酸化炭素の排出量が世界的にも多い地域であるが京都議定書においては最終的に排出削減を行っていないアメリカと中国、そして日本についてそれぞれが自己の効用を最大化するように行動すると想定している。

このモデルのもと、日本、中国、アメリカがそれぞれ現在から将来までの二酸化炭素排出削減率を決定する二酸化炭素排出削減ゲームが構築された。そして、排出削減なしのシナリオとコペンハーゲン合意で国際社会が取り決めた大幅な二酸化炭素削減を伴う基本シナリオに加え、非協調解として他国の戦略を所与としたうえで自らの通時的効用を最大化するように行動するナッシュ均衡、協調解としてナッシュ均衡を交渉のベースとして協調するナッシュ交渉解の排出シナリオが加わり、それぞれの地球温暖化政策による経済影響の変化として、GDPや付加価値の変化が比較された。

この結果、①非協調解と協調解における気温上昇の差は小さく、産業革命前と比較して3℃以上の気温上昇が発生してしまうこと、②国際社会が取り決めた二酸化炭素削減シナリオと比較すると日中米の協調による排出削減増加によって3国の実質GDPは増加するが他の地域は減少すること、③さらに協調解で日中米の各部門の実質付加価値は増加するが他の地域の多くの部門では実質付加価値が減少することが示された。つまり、各地域が戦略的に二酸化炭素排出削減行動をとるとき、それらの地域の効用やGDPが増加するが、世界全体でみると地球温暖化が進んでしまうことで被害が増加し、世界全体では負の効果となる恐れがある。

5　統合評価モデルにおける今後の展望と課題

これまで様々な統合評価モデルについてみてきたが、全般にいえることとして、経済社会の将来シナリオに結果が大きく依存しており、またそのシナリオに合わせる形で計算を行っている点が１つの問題である。特に、農業生産性、バイオマスエネルギーやCCSなどの新エネルギーの生産性などの技術進歩率については、将来の実現可能性や費用予測が難しく、その想定を少しいじるだけで結果が変わってしまう恐れがある。

また、影響評価関数については、計算に用いた根拠が不明確であったり、計算に用いている前提の式やパラメータに問題があったりなど、まだまだ確立しているとはいえない。さらに、適応の経済評価については、一部の分野でしか行われておらず、まだ未発達な分野である。

そもそも、ラムゼー型の動学モデルによる均衡計算で用いられる時間選好率や割引率をどういう値に仮定するかでも議論があり、例えば社会的割引率1.4％という低い値を用いて計算したStern（2007）に対しては「将来を重視しすぎである」という批判もある。

このように統合評価モデルについては様々な問題はあるが、今後のパリ協定を始めとした世界の地球温暖化を防ぐ取り組みの情報源として、地球温暖化の緩和や適応の経済影響の定量化は重要であり、引き続き、その問題に注意しながらも今後ますます利用していく必要性は高まっていくだろう。

参考文献

AIM（2018）*AIM website.*
http://www-iam.nies.go.jp/aim/index_j.html（最終アクセス：2018.11.18）
de Bruin, K. C., R. B. Dellink, and R. J. S. Tol（2009）"AD-DICE: An implementation of

adaptation in the DICE model," *Climatic Change*, vol. 95, Issue 1-2, pp. 63-81.
Fujimori, S., T. Masui, and Y. Matsuoka（2012）"AIM/CGE［basic］manual," Center for Social and Environmental Systems Research, NIES, No. 2012-01.
FUND（2018）*FUND - Climate Framework for Uncertainty, Negotiation and Distribution.* http://www.fund-model.org/（最終アクセス：2018.11.18）
IAMC（2018）*IAMC wiki.*
https://www.iamcdocumentation.eu/index.php/IAMC_wiki（最終アクセス：2018.11.18）
ICA-RUS（2017）「地球規模の気候リスクに対する人類の選択肢（最終版）」.
http://www.nies.go.jp/ica-rus/report/version2/index.html（最終アクセス：2018.11.23）
IPCC（2018）*Fifth Assessment Report.*
http://www.ipcc.ch/report/ar5/（最終アクセス：2018.11.27）
Manne, A. S.（1976）"ETA: A model for energy technology assessment," *Bell Journal of Economics*, vol. 7, Issue 2, pp. 379-406.
Narita, D., R. S. J. Tol, and D. Anthoff（2009）"Damage Costs of Climate Change through Intensification of Tropical Cyclone Activities: An application of FUND," *Climate Research*, vol. 39, Issue 2, pp. 87-97.
Nordhaus, W. D.（1994）*Managing the Global Commons*: *The Economics of Climate Change*, MIT Press.
————（2013）"Integrated Economic and Climate Modeling," in *Handbook of Computable General Equilibrium Modeling*: *1B*, eds. by Dixon, P. B. and D. Jorgenson, chapter 16, North Holland.
————（2018）Home Page of William D. Nordhaus.
http://www.econ.yale.edu/~nordhaus/homepage/homepage.htm（最終アクセス：2018.11.18）
Nordhaus, W. D. and J. Boyer（2000）*Warming the World Economic Models of Global Warming*, MIT Press.
Nordhaus, W. D. and Z. Yang（1996）"A Regional Dynamic General-equilibrium Model of Alternative Climate-change Strategies," *American Economic Review*, vol. 86, Issue 4, pp. 741-765.
Tol, R. S. J.（1995）"The Damage Costs of Climate Change -Towards More Comprehensive Calculations," *Environmental and Resource Economics*, vol. 5, Issue 4, pp. 353-374.

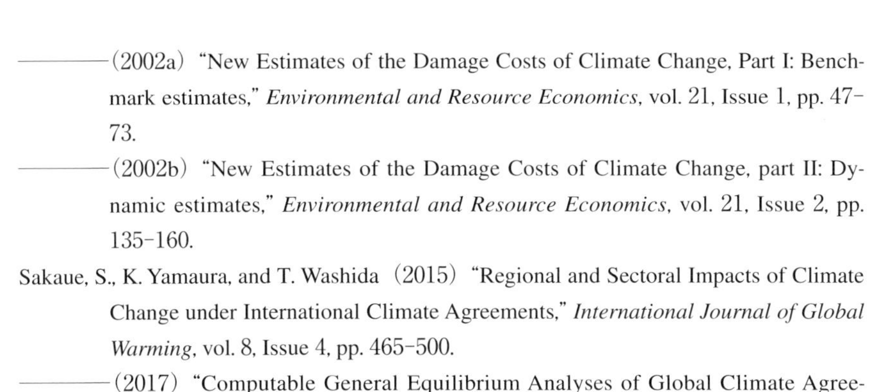

――――（2002a）"New Estimates of the Damage Costs of Climate Change, Part I: Benchmark estimates," *Environmental and Resource Economics*, vol. 21, Issue 1, pp. 47–73.

――――（2002b）"New Estimates of the Damage Costs of Climate Change, part II: Dynamic estimates," *Environmental and Resource Economics*, vol. 21, Issue 2, pp. 135–160.

Sakaue, S., K. Yamaura, and T. Washida（2015）"Regional and Sectoral Impacts of Climate Change under International Climate Agreements," *International Journal of Global Warming*, vol. 8, Issue 4, pp. 465–500.

――――（2017）"Computable General Equilibrium Analyses of Global Climate Agreements: A multi-sector and multi-region dynamic model," 上智地球環境学会『地球環境学』vol. 12, pp. 147–170.

――――（2018a）"Decomposition of Regional and Sectoral Economic Impacts of Climate Change under New Scenarios," *International Journal of Global Warming*, vol. 16, Issue 2, pp. 229–260.

――――（2018b）"Economic Analyses of Regional Impacts with Adaptation to Climate Change for the Paris Agreement," *American Journal of Climate Change*, vol. 7, Issue 3, pp. 452–462.

Stern, N.（2007）*The Economics of Climate Change, The Stern Review*, Cambridge University Press.

Yamaura, K., S. Sakaue, and T. Washida（2016）"An Assessment of Global Warming and Biodiversity: CGE EMEDA analyses," *Environmental Economics and Policy Studies*, vol. 19, Issue 2, pp. 405–426.

――――（2017）"Regional and Sectoral Impacts of Global Warming and Agricultural Production: A case of CGE analyses," *Japanese Journal of Agricultural Economics*, vol. 19, pp. 54–59.

Washida, T., K. Yamaura, and S. Sakaue（2014）"Computable General Equilibrium Analyses of Global Economic Impacts and Adaptation for Climate Change: The case of tropical cyclones: CGE EMEDA analyses," *International Journal of Global Warming*, vol. 6, Issue 4, pp. 466–499.

鷲田豊明（2011）「温暖化被害と適応評価のための応用一般均衡世界モデル――EMEDA」上智地球環境学会『地球環境学』第６巻，pp. 81–98.

第6章

産業部門の節電行動と電力料金改革の経済効果

樽井 礼*

1 はじめに：電力料金改革の有効性

地球温暖化抑制のための温室効果ガスの削減、そして二酸化硫黄等その他の有害大気汚染物質の削減は、長年の間環境政策の大きな課題として認識されてきた。近年は技術進歩とそれに伴う費用の低下を受け、化石燃料に代わって風力や太陽光などの再生可能エネルギー（再エネ）の導入が増加している。効果的な気候変動緩和のためにはより大規模なエネルギー源の（再エネを中心とした）転換が必要とされている。電力部門の二酸化炭素直接排出量が全体に占める割合は日本で約40%、世界では25%にのぼり、最大の排出源となっている（国立環境研究所 2018、IPCC 2014）。近年では電力部門の排出が高所得国にて減少しつつある。例えば米国における2017年の発電所由来二酸化炭素排出量は、2010年に比べ20%以上減少した。その理由には需要面での省エネルギー技術の進歩や普及、また供給面での再エネや排出原単位が比較的低い天然ガスへの燃料代替が挙げられる（Holland *et al.* 2018）。

温室効果ガス発生源としての割合が高い電力部門での再エネ大量導入は、

* 本章の内容はハワイ電力（Hawaiian Electric Company）とハワイ大学マノア校経済研究機構（University of Hawaii Economic Research Organization, UHERO）の共同研究の成果にもとづく。また、一部は科学技術振興機構（JST）CREST研究助成（課題番号JPM-JCR15K2）を受けたものである。Navigant Consulting（2015）から公開可能な電力需要データを提供していただいたSherilyn Wee氏にも感謝する。

安定供給が確保できない電源が増えることを意味する。よって、再エネ大量導入は電力需給同時同量達成を困難にする可能性がある。そのような環境で、また電力事業再編の一環として、需給バランスのより効率的な達成を可能とするような電力料金改革への期待が高まっている。本章では、そのような改革案の中核の一つとして多くの経済学者が支持する動学的またはリアルタイム料金制度の導入に伴う経済学的な課題を分析する。とくに現状で従量料金に加えて「デマンド料金」やその類型が課されている産業・業務部門の需要家からは、純粋なリアルタイム料金のもとでは電力会社が総費用を回収できない可能性が高い。よって、動学的料金制度のもとでは電力サービスの固定費回収をいかに行うかが重要な政策課題となる。本章ではリアルタイム料金の設計のしかたによって節電行動や各種需要家の支払額、経済厚生効果がどのように変わるかを分析し、その分析にもとづいた電力料金改革への政策的示唆を提示する[1]。

2　自然独占産業における非線形料金の役割

2-1　伝統的な電力事業規制のもとでの電力料金

電力産業のような公益事業においては、取引される電力の価格は完全競争市場で決まるのではなく政府が規制により制限をする場合が多い。それは公益事業が自然独占と呼ばれる特徴を持つからである。自然独占とは、（人為的な参入障壁などではなく）技術的な理由（例えば大規模な初期投資または固定費用の存在）のために規模の経済性が働く状況で発生する独占を意味する。電力産業の場合、発電・送電・配電それぞれの部門において歴史的に初期投資額が大きく自然独占が観察された。日本においては戦後1950年の電気事業再編成令・公益事業令交付後に各地域電力会社による地域独占の体制が確立した。その体制のもとでは全国が9地域に分割され、各地域で独占会社が

1　なお、本章では産業部門特有の料金制度とリアルタイム料金制度の比較に焦点をおく。一般に、発電の限界費用が高い時間帯に電力料金を高くするようなピークロード料金のしくみと経済分析については松川（2003）が詳しい。

発送配電を担うこととなった（山口 2009）。欧米においても同様の垂直統合型の産業形態が伝統的である。自然独占のもとで規制がないと、一社の独占により電力（またはそのサービス）の価格が効率的な水準に比べて過大に、そして電力（またはそのサービス）の量は効率的な水準に比べて過少となり経済的損失が生じる。このような市場の失敗ゆえに、電力料金は歴史的に政府による規制介入の対象となっている。

従来、電力事業では企業の事業資本をもとに報酬率が決められ、事業総費用に加えてその報酬が確保されるように電気料金が設定されてきた（適正報酬率を考慮した「総括原価方式」と呼ばれる）。電気料金は、規制当局の許認可なしには変更されない[2]。しかし、ここ数十年の間は電力需要の拡大と技術進歩に伴う固定費用の減少に伴い、先進各国でも発電部門では自然独占の性格が失われつつある。配電設備をもたず、電力を配電会社や市場から調達して需要家に届ける役割を果たす電力小売部門についても競争の余地が広がっている。例えば日本では卸電力市場が導入され、小売に関しても徐々に自由化が導入されてきた[3]。しかし、送電・配電部門については多くの国で自然独占は解消されていない。ある企業が配電網を構築して発電所から地域の需要家へ電力を送るサービスを開始したら、別の企業が異なる配電網を構築して同じようなサービスを提供することは非効率であることを考えれば説明できる。それゆえ、とくに配電部門については料金について規制がある。

伝統的な総括原価方式のもとでは、電力会社が固定費用を含めた総費用を回収できるように（また適正とされる報酬を確保できるように）、その費用推定値と電力の見込み販売量にもとづいて電力小売価格を設定する。効率的な資源配分は小売価格がその限界費用と等しい水準であるときに達成されるのに対し、総括原価方式のもとでは小売価格がほぼ平均費用と等しい水準となる。

最も伝統的な料金のもとでは、電力小売価格は（燃料調整を除き）季節や

2　電力事業の伝統的な規制の詳細については、Joskow（1974）を参照。米国での連邦・州政府による電力事業規制についてはGreer（2012）が詳しい。

3　電力事業再編や自由化の経済分析については、八田・田中編（2004）、山田（2012）を参照。

時間を問わず一定とされる[4]。ただし、電力需要は時間を通じて変動する。人々があまり冷房を使わない春と、より気温が高く冷房が使われる夏では需要が異なる。よって電力需要には季節変動が見られる。また、一日の中でも各需要家によって時間ごとに電力利用量は異なる。深夜の電力利用は一般に少なく、日中や夕方にかけては電力利用量が増える。

図6-1は、米国ハワイ州ホノルル（オアフ島）を例にとり、2014年8月の平均的な時間別電力需要曲線（load profile、実線）を示したものである。深夜の電力負荷に比べると人々の経済活動が始まる朝方の負荷は約30%多く、また電力利用が最大となる夕方には約60%多いことがわかる。

電力負荷が一日の間に変化するのに応じて、電力の限界費用も変化する。同図で破線が示す限界費用の指標の増減が負荷の増減と相関していることが

図6-1　米国ハワイ州ホノルルにおける月間平均電力負荷と限界費用指標（2014年8月）

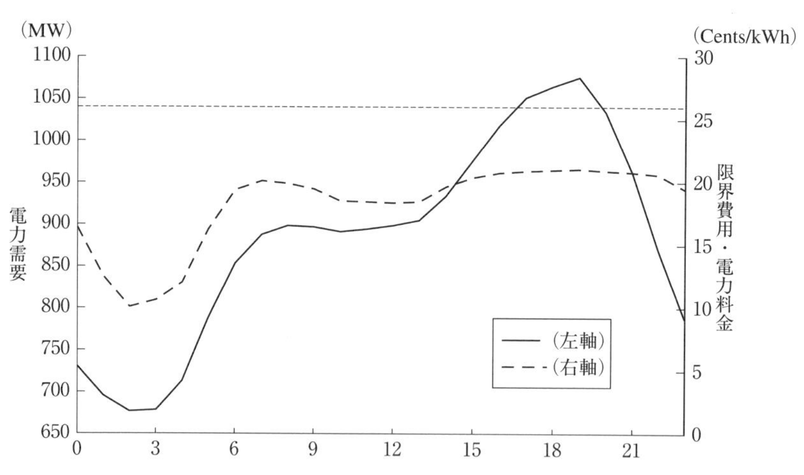

注：米国 Federal Energy Regulatory Commission（FERC）データをもとに著者作成。

4　発電のしかたによっては（とくに天然ガスのような化石燃料火力発電の場合は）燃料費が限界費用の大きな部分を占める。化石燃料の価格は変動が大きいので、燃料調整という形式で従量料金の調整を通じ需要家に価格転嫁されるのが一般的である。

わかる。限界費用はそれが最も低い時間帯に比べ、最も高い時間帯では倍近くとなっている。そのように限界費用が変わる理由は、需要量に応じて電源構成が変わり、とくに追加的に利用される発電所の発電単価が異なるからである。一般に異なる発電所はメリットオーダーと呼ばれる限界費用の大きさに応じた使われ方がされる（図6-2）。24時間稼働するベースロード電源としては最も限界費用が低い石炭や水力（または原子力）が利用される。そして負荷が増えるに伴い、より限界費用が高いが機動的に稼働することが石炭火力より低費用で可能な天然ガス等の代替電源が利用される[5]。

発電費用の季節変動や日中変動という性格のため、日本を含め多くの地域の小売電力について季節別料金や時間帯別料金（例えば深夜割引）が導入されている。ただし時間帯別料金は通常実際の限界費用の変動には応じずに既定の水準で設定されている。時間ごとに異なる料金は日米欧等にある卸電力市場で適用されている。日本でも2005年に卸電力取引市場が開かれた。実

図6-2　メリットオーダー曲線と需要曲線

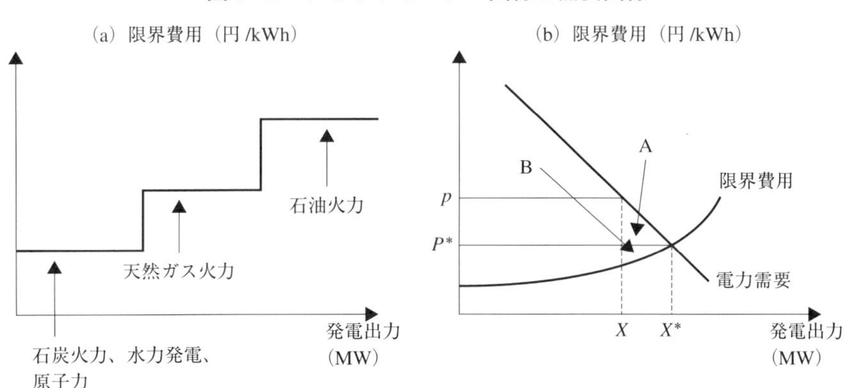

注：著者作成。

5　ホノルルの場合にはベースロード電源として石炭火力発電所が一基あり、そのほかは数基の重油火力発電所が主要電源となっている。天然ガスや原子力発電は存在しない。ゆえにメリットオーダーの曲線は図にあるようにより変動が少ないが、それでも限界電力を供給する発電所の違い等による時間ごとの限界費用の違いが観察される。

際に発電と電力消費が起こる一日前にオークション形式で翌日各時間帯（日本の場合は30分刻み）の電力売買が行われるスポット取引など複数の市場が機能している。

リアルタイム料金は日中の時間ごとに実際の限界費用を反映するような料金である。そのため、費用の上下に応じて価格が上下することにより、効率的な需給の一致が実現される。今後再エネ導入が進むと、例えば日中では太陽光発電の規模が増えたり、夜間の風力発電規模が大きくなる可能性が高い。よって、図6-1で示される限界費用曲線は大きく形が変わる。そのように将来的に変わるエネルギーミックスにも機動的に対応できるのがリアルタイム料金の特徴である。

リアルタイム料金が小売価格に適用される例はまだ少ない。時間ごとに異なる料金の適用のためには、毎時間（またはより高頻度に）各需要家の電力負荷データを記録・保存する必要がある。そのようなことが可能となるスマートメーターの価格は技術進歩とともに低下してきており、産業部門のように（家庭部門に比べ）比較的限定された数の大口需要家により構成される部門での導入は徐々に現実的となってきている。

2-2　産業・業務部門の電力料金の特徴

先述のとおり、配電を含めた電力サービスにおいては大きな固定費用が伴う。電力会社が小売価格より固定費用を回収するにあたっては、2通りの方法が使われている。一つは従量料金を限界費用より高めに設定すること、そしてもう一つの方法は固定料金を課すことである。

通常、従量料金（電力利用量kWhあたりの単位料金）は限界費用を上回る水準で決められる。その差は固定費用の回収にあてられる。需要家が毎月支払う固定料金のうち、一部は電力利用量とは独立に一律に設定されており、残りは間接的に電力消費量に依存する。通常、前者は公平性の考慮（小規模需要家による固定支払額負担を抑制すること）にもとづき、固定費用を回収できるような水準より低く設定されている。他方、日本で「基本料金」と呼ばれる後者の料金は、月間の最大電力利用量に応じて決まる。例えば東京電力

による大口需要家向け料金の基本料金は、

基本料金単価(税込)×契約電力×(185－力率)/100

という公式で計算される。ここで契約電力は当月を含む過去1年間の各月の(30分ごとに計量された需要の中で）最大需要電力（ピーク需要）のうち最も大きい値となる[6]。中部電力等その他の電力会社でも、基本料金は同様の方法で計算されている。共通の特徴は、基本料金は過去・当該月の月間ピーク需要に比例する、ということである。同様の料金は米国ではDemand Charge（デマンド料金）と呼ばれ、日本と同様に大口需要家に課されている。

デマンド料金が大口需要家向けに長年にわたって課されてきたのには、技術的な要因がある。電力利用量は電力会社の集金人が需要家を訪問してメーターを目測して記録することが伝統的であるが、そのようなメーターでは各時間の負荷を記録・保存することができない。一方で各月の最大電力需要を計測すること（Maximum Demand Register）は技術的に安価に可能であったので、デマンド料金のしくみが広まった[7]。

需要家が支払う電力料金の中で、デマンド料金が占める割合は無視できない大きさである。図6－3にあるように、ホノルルの場合にはデマンド料金が電気料金総額に占める割合は16から17%に達する。よって基本料金・デマンド料金は、産業・業務部門での料金体系の中で電力会社にとって固定費回収という重要な役目を果たしていることがわかる。

現行の小売従量料金が限界費用を上回ること、そしてデマンド料金が上記のように大きいことは、限界費用価格にもとづくリアルタイム料金のみでは固定費が回収できないことを意味する。

6　東京電力エナジーパートナー、http://www.tepco.co.jp/ep/corporate/charge_c2/decision02.html、2018年11月26日アクセス。

7　デマンド料金の概念は古くから存在しており（Hopkinson 1892)、その提唱者の名前からHopkinson tariffとも呼ばれてきた。

図6-3　デマンド料金支払い額が電気料金総額に占める割合
（産業別、ホノルル市）

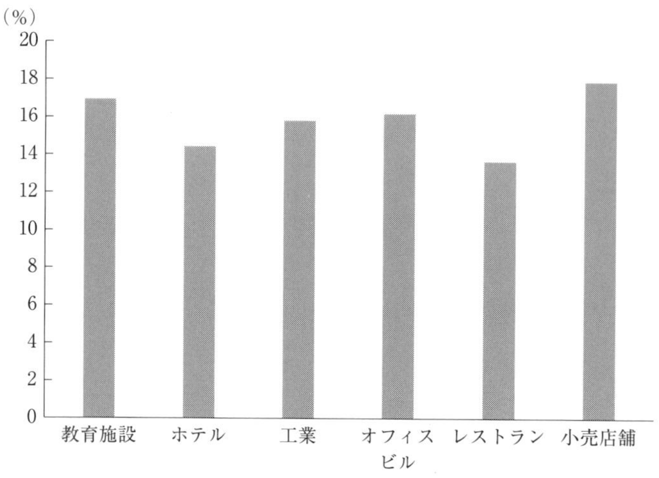

注：Navigant（2015）に用いられた2014年8月の需要データをもとに著者作成。

3　リアルタイム料金の経済効果

3-1　リアルタイム料金のもとでの電力需要に関する研究

電力需要の推定は数多くの研究でなされてきたが、多くの実証研究での観察単位は国、自治体、産業レベルの年間需要または月間需要である。そのような集計データを用いて電力消費への価格の影響を計量経済学的に推定する場合には、価格に関しての内生性の解決が困難である。それでも収益データを用いる分析に頼らざるをえない場合があるのは、ミクロデータが整備されていないこと（されていても入手が困難であること）、そして電力料金の時間を通じた変動があまりないことに起因する。例えば時間帯別料金が取り入れられている場合でも時間帯別の電力需要のデータが入手困難であったり、異なる時間帯の間の電力料金の差が小さく、価格弾力性を細かく推定することが難しいことなどの課題がある。よってリアルタイム料金に応じて時間ごとの電力需要を推定するには、需要の価格弾力性について仮定をおいたり、実証事業のような実験的なリアルタイム料金導入のもとでの需要の推定が用いられてきた[8]。

家庭部門の電力需要に比べると、産業部門の電力需要についての研究は少ない。Borenstein（2007）は産業部門でのリアルタイム料金の経済効果を分析した数少ない研究の一つである。そこでは米国カリフォルニア州における時間ごとの限界費用データを用い、限界費用にもとづくリアルタイム料金を分析対象としている。リアルタイム料金のもとでの産業需要家の支払総額を計算し、それと同額の収入が得られるような時間帯別料金と（時間を通じて）一定の従量料金という計3種類の料金制度を比較している。各料金体系のもとで各需要家の支払額がどのように異なるか分析している。主要な発見の一つは、電力利用規模が異なる需要家間の所得分配効果である。リアルタイム料金のもとでは一定の従量料金と比べ、より電力消費の少ない需要家の支払額がより大きく減り、電力消費の大きい需要家の支払額が増えることを示している。これは逆に言えば、一律固定従量料金のもとでは大規模需要家が（消費・需要量が大きいにもかかわらず）相対的により低い電力料金支払額に直面することを意味する。このような分配効果は、電力市場の効率改善に資するとされるリアルタイム料金を導入することには政治経済学的な困難が伴う可能性を示唆する。

3-2　リアルタイム料金のもとでの総費用回収の試み

上記の Borenstein（2007）の分析では（固定費回収のための支払いを含まない）リアルタイム料金と同額の支払総額が実現されるような一律固定料金を比較している。よって、固定費回収の必要性という課題は分析されていない。現実の料金体系のもとでは、小売従量料金は限界費用をほぼ常時上回る水準に設定されている。また、デマンド料金も併用されている。電力料金のこれら

8　ピークロード料金やリアルタイム料金のもとでの需要関数の推定を行った研究については松川（2003）が詳しく紹介している。例えば Aigner（1984）や Taylor and Schwarz（1990）などを参照。

の特徴は、限界費用にもとづくリアルタイム料金を需要家に課すのみでは配電を含む電力サービスに関わる固定費の回収ができないことを意味する。それではどのような料金をくみあわせることで総費用回収ができるであろうか。固定料金やデマンド料金を併用する場合には、需要家の電力プロファイルや料金設定に応じて、各種需要家の電力利用や支払額はどう変わるか。現行料金体系からリアルタイム料金に移行する場合のこれらの経済効果については、まだ明らかになっていないことが多い。以下ではリアルタイム料金のもとでの電力需要の理論的背景を確認し、ホノルルの産業別電力需要データを用いてその経済効果を分析する。

4　固定料金とリアルタイム料金のもとでのデマンド料金の効果

4－1　時間によって異なる電力需要の理論

電力需要が価格に対する反応を決める要因として①需要の価格弾力性と②代替の弾力性が挙げられる。まず、各時間における価格の水準が（一様に）上昇すると、一日の電力消費総量が変化すると考えられる。そのような場合において電力消費量の変化の大きさを決めるのが価格弾力性である。次に、もし異なる時間の価格が相対的に変化すると、電力利用が高い価格である時間からより低い時間に移行すると考えられる。その変化の幅を特徴づけるのが代替の弾力性である。

ここでは産業部門の電力需要を定式化するために、その背後にある企業行動を考える。単純化のため、電力ともう一種類の生産要素（電力以外の種々の生産要素を合成したもの）を用いて生産活動を行う企業を想定する。企業の一日当たりの産出 y は合成生産要素投入 z と電力使用量の指標 q に応じて以下のように CES（Constant Elasticity of Substitution）関数によって決まると仮定する。

$$y = A\{\alpha z^{\theta} + (1-\alpha)q^{\theta}\}^{1/\theta}$$

ここで$A>0$は定数、αは各生産要素への支出シェアを代表するパラメータ、θは電力とそれ以外の生産要素の代替の弾力性$\sigma\equiv 1/(1-\theta)$を規定するパラメータである。一日の電力サービス需要の価格弾力性もσに依存して決まる。時間を通じた変動があり、デマンド料金に直面する産業部門の電力需要の特徴をとらえるためには、異なる時間帯の電力を異なる生産要素として扱う生産理論の応用が便利である。その理論のもとではqは一日の電力サービスの集計量の指標となり、各時間の電力利用量x_h $(h=1, \ldots, 24)$に依存する。ここではこの関係についてもCES関数を仮定する。

$$q=\phi\left\{\sum_{h=1}^{H}\beta_h x_h^{\rho}\right\}^{1/\rho}$$

パラメータρは異時点間の電力サービスの代替の弾力性$\sigma_e\equiv 1/(1-\rho)$を規定する。また係数$\beta_h$は$h$時の電力利用が一日の電力利用量に占める割合を規定する。

いま$w>0$が電力以外の生産要素の価格指標、$p_e>0$が電力の価格指標であるとする（電力従量料金が時間にかかわらず一定の場合には、その料金がp_eとなる）。電力と代替要素の投入についての費用最小化問題を解くと、限界費用$c(w,p)/A$を得る。ここで関数cは

$$c(w,p_e)=\{\alpha^{\sigma}w^{1-\sigma}+(1-\alpha)^{\sigma}p_e^{1-\sigma}\}^{\frac{1}{1-\sigma}}$$

を満たす。また電力とその他生産要素支払いの配分シェアのパラメータにより

$$h\equiv\frac{(1-\alpha)^{\sigma}p_e^{1-\sigma}}{\alpha^{\sigma}w^{1-\sigma}+(1-\alpha)^{\sigma}p_e^{1-\sigma}}$$

を定義すると、電力サービスqへの支払額は

$$p_e q=hc(w,p_e)y/A$$

で与えられる。生産関数が収穫一定であると、利潤最大化問題の解としての産出高yは一意に定まらない。近年の産業組織論における理論と実証で指摘

されているように、需要家が属する産業は差別化された財を生産する独占的競争で特徴づけられるとする（Melitz and Redding 2014）。その場合には産出価格 p_o は限界費用に一定のマークアップを追加したものとなるが、マークアップの大きさは生産された財の消費需要の価格弾力性に依存する。

$$p_o = \frac{c(w, p_e)}{\rho^c A}$$

ここで $1/(1-\rho^c)$ が生産される財の価格弾力性となる。電力サービスへの要素需要の価格弾力性は

$$\frac{\partial X}{\partial p_e}\frac{p_e}{X} = -\sigma$$

となる。時間別料金 $\{p_h\}(h=1, \ldots, 24)$ のもとでは、d 日 h 時の電力需要は以下のようになる。

$$x_{dh} = \beta_h^{\sigma_e} p_h^{-\sigma_e} \left\{ \left(\sum_{h'=1}^{H} \beta_{h'}^{\sigma_e} p_{h'}^{1-\sigma_e} \right) \right\}^{\frac{\sigma_e - \sigma}{1-\sigma_e}} C \tag{1}$$

ここでパラメータ C は電力サービス利用量の規模に依存する定数である。この電力需要を見ると明らかなように、ある時間の電力需要はその時間の電力料金のみならず他の時間の電力料金にも依存しうる。よって、代替の弾力性が正である限りは、デマンド料金の変化はピーク以外の時間帯における電力使用量に影響を与えることとなる。また、その大きさは代替の弾力性に比例する。

4-2　リアルタイム料金のもとでの産業別電力利用の分析

以下ではハワイ州ホノルルにおける産業別電力データを用いて電力需要関数を想定し、そのもとでのリアルタイム料金導入の経済効果を考察する。

ホノルルの産業部門に属する大口需要家の一部には、15分間隔で平均需要が記録されるメーター（電力量計）が設置されている。Navigant Consulting, Inc.（2015）はこのメーターデータをもとに1時間ごとの平均需要を計算し、

ホノルル全体の部門別需要曲線を推定している。ここではその産業別・時間別電力需要のデータを応用する。

なお本章の分析では産業ごとに大口需要家の一企業（事業所）あたりの平均電力需要とその企業数についての情報をもとにしたデータを用いている。よって、各産業内での企業の需要は同じと仮定しているので、産業内の需要規模別の分配効果は捨象している。Oshiro and Tarui（2018）では、事業所レベルのデータを応用した分析を行っている。

同じ産業に属する企業でも、需要規模によっては異なる料金が適用される。とくにピーク需要が300kWを超える大口の産業・業務部門の需要家は同じ料金設定（同じ額のデマンド料金と、時間帯に依存しない一定の従量料金）に直面する。ここではそのような大規模需要家の集合を標本とする。Navigant Consulting, Inc.（2015）のデータではレストラン、卸売店舗、軍事施設、その他の数種類の部門ごとの需要を区別している。本章ではとくに部門レベルでの消費量やピーク需要が大きく、産業内の大口需要家の企業数も多い4つの部門に焦点をおいて分析を行う（表6－1）。表 が示すとおり、各企業の月間電力消費量とピーク需要は家庭部門に比べるととても大きいことがわかる。第4列は2014年現在のデマンド料金（24.34ドル/kW）と同年8月の燃料費調整等を含んだ従量料金（26セント/kWh）を適用して計算した同月総支払額を示す[9]。

図6－4は、以下の分析で対象とする4部門の電力需要曲線を示す。曲線

表6－1　部門別一企業あたりの電力利用と支払額

部門	月間電力消費量（MWh）	最大ピーク需要（kW）	電力支払額（ドル）	企業数
教育施設	588	1,287	184,326	14
ホテル	381	743	117,249	47
オフィスビル	260	569	81,523	74
小売店舗	165	379	52,154	51

出所：Navigant Consulting（2015）のデータをもとに著者が作成。

9　とくに大規模な需要家については異なる料金設定が適用されるが、以下の分析では簡単化のために上記の料金が適用されると仮定する。

の形状は産業部門によって異なる。とくにピーク需要の時間帯は産業によって異なること、ゆえに産業によってはピークの時間帯が系統全体のピーク時と異なることが観察できる。たいていの場合デマンド料金は当該時間の限界費用を著しく超えた水準に設定されている。また、系統全体のピーク時には限界費用が高くなる傾向があるので、通常のデマンド料金のもとでは各企業がそのような時間帯の電力利用を抑えるインセンティブをもたらさないことがわかる。これはデマンド料金の非効率性の大きな一因となっている。

ここでは２種類のシミュレーションを行う。まず、リアルタイム料金導入後も毎時間の電力需要が変わらない場合（すなわち需要の価格弾力性がゼロである場合）を考慮する。次に、リアルタイム料金導入後に電力需要量が変わる場合を分析する。そこでは需要の価格弾力性等の主要パラメータについて

図６－４　米国ハワイ州ホノルルにおける産業部門別月間平均電力負荷（2014 年８月）

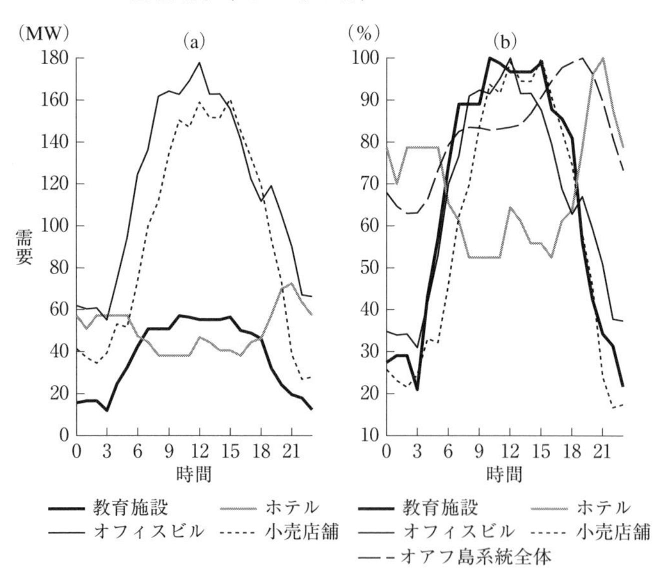

注：Navigant Consulting（2015）、Wee and Coffman（2018）をもとに著者作成。図（a）は時間別月間平均負荷を示す。図（b）は各部門のピーク需要を 100 %として平準化した負荷を示す。

仮定をおき、部門ごとに実際の需要データに整合的な関数・パラメータを特定した上でシミュレーションを行う。

従来の電気料金体型のもとでは大口需要家に対するデマンド料金が固定費回収の一翼を担ってきた。よって、リアルタイム料金のもとではいかに固定費を回収するかが課題となる。以下の分析で異なる料金のもとでの電力需要・支払額を比較可能にするために、需要家による支払額の合計がどの料金のもとでも同額の固定費回収をもたらすような設定を行う。2014年8月の平均的な需要曲線にもとづく電力支払額を想定する。

現行の料金設定のもとでの産業 i に属する企業 j の支払額 BC_{ij} は、従量料金にもとづく支払額 $BCvol_{ij}$ とデマンド料金支払額 $BCdc_{ij}$ の和となる[10]。

$$BC_{ij} = BCvol_{ij} + BCdc_{ij}$$

現行の従量料金 p とデマンド料金 p_{dc} のもとでは、右辺の各項は $BCvol_{ij} = \sum_d \sum_h p x_{dh}^{ij}$、$BCdc_{ij} = \max_{dh} \{p_{dc} x_{dh}^{ij}\}$ となる。ここで対象となる4部門の可変費用 VC については、単純化のため各時間の限界費用と消費量合計の積の合計とする。時間 h における限界費用が毎日同じであると仮定すると

$$VC = \sum_i \sum_j \sum_d \sum_h p_h x_{dh}^{ij}$$

となる。よって、回収に必要な固定費用は

$$FC = \left(\sum_i \sum_j BC_{ij}\right) - VC$$

である。一方、リアルタイム料金のもとでの支払額は

$$BR_{ij} = BRvol_{ij}^{t} + BRdc_{ij} + BRfc$$

となる。ここで、固定費を企業間に配分する方法として3通り考える。以下、N を4産業に属する大口需要家の総数とする。

10　実際には、デマンド料金以外に毎月定額の料金の支払いがある。その大きさは従量支払額やデマンド料金支払額に比べると相対的に非常に小さい（分析対象の企業の場合は月350ドル）ので、本章の分析ではそのような固定料金は捨象する。

①デマンド料金をなくし（$BRdc=0$）、固定費回収のための不足収入分を各企業に均等配分する。

$$BRfc=\frac{FC}{N}$$

②現行のデマンド料金を維持し（$BRdc=BCdc$）、固定費回収のための不足収入分を企業に均等配分する。

$$BRfc=\frac{FC-\sum_i\sum_j BCdc_{ij}}{N}$$

③デマンド料金をなくし、固定費回収のための不足収入分を各企業にその余剰に応じて均等配分する。

ここで③については、Wolak（2018）で提唱された固定費配分法を応用する。すなわち、各需要家が電力サービス消費から得られる消費者余剰の大きさに応じた固定費用の負担を行うというものである。より大きな余剰を得る需要家がより大きな割合の固定費用負担をするという原則にもとづくことになり、ある意味において公平性を保つしくみである。いま各需要家の時間あたりの電力需要がその他の時間の電力料金と独立であるとし、各時間の需要関数が傾きが-1である線形関数で近似できると仮定する。かなり強い仮定であるが、そのもとでは基準年（例えば一年前）の電力利用量が$x=\{x_{mdh}\}(m=1, \ldots, 12, d=1, \ldots, D_m, h=1, \ldots, 24)$である需要家の費用負担は（1年を365日、8760時間とすると）

$$SS\equiv\frac{1}{2}\times\frac{1}{8760}\times\sum_{d=1}^{D}\sum_{h=1}^{24}x_{dh}^2=(E[x])^2+Var(x)$$

に比例することとなる。直観的には電力負荷が大きく（平均$E[x]$が大きい）、また電力の時間を通じた変動が大きい（分散$Var(x)$が大きい）企業ほど固定費用負担のシェアが大きくなる。すなわち、Nを需要家全体の人数であるとすると

$$s_i \equiv \frac{SS_i}{\sum_{j=1}^{N} SS_j}$$

を需要家 i のシェアと定義することとなる。

4-3　リアルタイム料金移行に伴う支払額変化の要因分解

リアルタイム料金移行に伴い、各産業の需要家の支払額は異なる大きさの変化を伴う。以下がその変化の要因として挙げられる。

①「価格水準効果」：平均的に見て価格水準が変わることによる支払額の変化。

②「価格変動効果」：（平均の変化を除去した上で）時間を通じて一定である価格が時間ごとに変わることによる支払額のの変化。

③「固定料金効果」：固定料金が発生することによる支払額の変化。

支払額の変化は、これらの要因に以下のように分解できる。まず以下が成り立つような係数 α を計算する。

$$\sum_i \sum_j BCvol_{ij}^t = \alpha_t \sum_i \sum_j BRvol_{ij}^t$$

この係数を用いて支払額の変化を展開すると

$$\begin{aligned} BR_{ij}^t - BC_{ij}^t &= BRvol_{ij} + BRdc_{ij} + BRfc - (BCvol_{ij} + BCdc_{ij}) \\ &= BRvol_{ij} - BCvol_{ij} + BRfc = BRvol_{ij} - \alpha BRvol_{ij} + \alpha BRvol_{ij} - BCvol_{ij} + BRfc \\ &= \sum_d \sum_h p_{dh} x_{dh} - \sum_d \sum_h \alpha p_{dh} x_{dh} + \sum_d \sum_h \alpha p_{dh} x_{dh} - \sum_d \sum_h p x_{dh} + BRfc \end{aligned}$$

ここで最初の2項が価格水準効果を、次の2項が価格変動効果を、そして最後の項目が固定料金効果を示す。

4-4　リアルタイム料金のシミュレーション：電力支払額と利用量への影響

電力需要がリアルタイム料金移行に伴い変わる可能性を考慮するために、上記で紹介したCES型需要関数（1）のパラメータをデータに一致するように設定することによりシミュレーションを行う。

まず、価格弾力性 σ と σ_e の値について仮定をおく。これらの値についてはいくつかの実証研究が推定値を示しているが、その範囲にある値として $\sigma = 0.1$、$\sigma_e = 0.15$ とする。これらは比較的低い弾性値であり、需要家の価格反応に関して保守的な仮定であると言える。

次に、実際の電力消費量の値と価格の観察値を用いてその他の関数パラメータを特定する。ここで課題となるのが、ホノルルの例のように電力従量料金が時間を通じて一定なことである。異なる時間帯の電力価格比をパラメータ推定のために使う唯一有効な方法は、ピーク需要の時間に適用されるデマンド料金を応用することである。ただし、その価格比は単純に［従量料金÷(従量料金＋デマンド料金)］とはならない。多くの場合、一月の中で日々の需要曲線は（毎日あるいは平日には）あまり変わらない。すなわちピーク需要は週７日（もしくは５日）ほぼ等しい。これは、デマンド料金がかかる最大ピーク需要に関する制約が毎日（もしくは平日に）有効であることを意味する。いま D_e をそのように制約が有効である日の数とすると、需要家にとっては実質的なピーク・オフピークの電力価格比は以下のようになる[11]。

$$\frac{p_t}{p_t + \frac{p_{DC}}{D_e}} = \frac{\text{従量料金}}{\text{従量料金} + \frac{\text{デマンド料金}}{\text{月間でピーク需要がほぼ等しくなる日の数}}}$$

この関係を用いることにより、負荷プロフィールと価格をもとに各企業の電力需要関数を部門別に特定することができる。すなわち

$$\frac{p_t}{p_t + \frac{p_{\mathrm{DC}}}{D_e}} = \frac{\theta_d \beta_h x_{dh}^{\rho-1}}{\theta_{\bar{d}} \beta_{\bar{h}} x_{\bar{d}\bar{h}}^{\rho-1}}$$

となる[12]。この関係式を応用すると、ピーク需要の時間 $\bar{h}$ のシェアパラメータ $\beta_{\bar{h}}$ については

11　正確には、ホノルルでも東京電力の場合と同様にデマンド料金は当該月のみならず過去11ヵ月の月間ピーク需要にも依存する。簡単化のため、本章の分析ではそのような過去のピーク需要へのデマンド料金支払いの依存については考慮しない。

$$\beta_{\bar{h}}^{\sigma_e}=\frac{x_{\bar{d}\bar{h}}p_t^{-\sigma_e}}{\sum_{h\neq\bar{h}}x_{\bar{d}h}\left(p_t+\frac{p_{DC}}{D_e}\right)^{-\sigma_e}+p_t^{-\sigma_e}x_{\bar{d}\bar{h}}}$$

が成り立ち、その他の時間については

$$\beta_h^{\sigma_e}=\frac{x_{\bar{d}h}}{x_{\bar{d}\bar{h}}}\frac{\left(p_t+\frac{p_{DC}}{D_e}\right)^{-\sigma_e}}{p_t^{-\sigma_e}}\beta_{\bar{h}}^{\sigma_e}\qquad(h\neq\bar{h})$$

となる。これらの式を用いて$\beta_h(h=1,\ldots,24)$を特定し、最後に需要関数に(p,p_{DC})を代入して得られる値が観察される電力利用量と等しくなるように（1）式の定数項Cを特定する。以下、需要について価格反応がある場合には上記の方法で特定した需要関数を応用する。

図6－5は現行料金とリアルタイム料金（デマンド料金がない場合と維持される場合）のもとでの電力需要曲線を示す。価格弾力性も異時点間の代替弾力性についても低い値を仮定しているため、曲線の形状に大きな変化は見られない。リアルタイム料金が高い時間帯と低い時間帯を比べると、料金が比較的より大きく下がる時間帯（早朝など）には電力利用が増え、料金がピークとなる時間帯（夕方）の電力利用が若干減少することが観察できる。また、デマンド料金がなくなると、その時間帯の電力利用が増えることがわかる。

実際には、電力需要が電力価格の上昇と下落に対称的に反応しないかもしれない。価格の上昇は節電のインセンティブを高めるかもしれない。だが、このシミュレーションの場合のように電力料金が下がる場合に、果たして電力利用量は図に示されるように上昇するであろうか。例えば省エネ機器がすでに導入されているような企業では、そのように電力利用が増えることはないかもしれない。よってこのシミュレーションの解釈には注意を要するが、

12　ちなみにこの関係式を展開してゆくと　$ln\left(\sum_d\sum_h x_{dh}/x_{\bar{d}\bar{h}}\right)=C-\sigma ln\left(p_t/\left[p_t+\frac{p_{DC}}{D_e}\right]\right)$ という結果を得る。ピーク需要とその他の時間帯の需要の日の対数はその価格比の対数について線形となり、その係数が時間の間の需要の代替弾力性に等しくなる。デマンド料金に直面する部門の電力需要の計量経済分析においては、この関係式を用いて代替の弾力性を推定することが多い。

図6－5　リアルタイム料金のもとでの産業部門別電力負荷

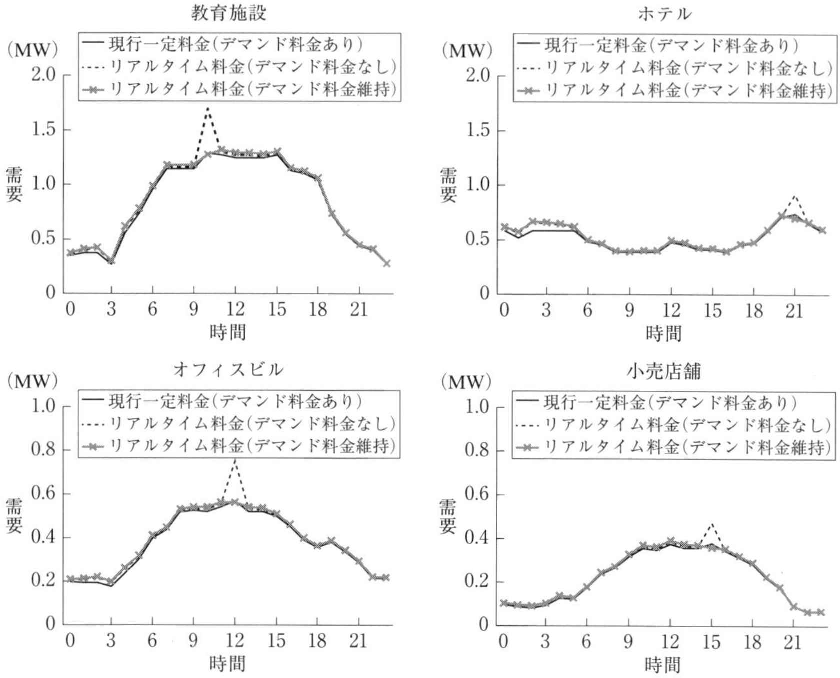

教育施設

ホテル

オフィスビル

小売店舗

—— 現行一定料金（デマンド料金あり）
----- リアルタイム料金（デマンド料金なし）
—×— リアルタイム料金（デマンド料金維持）

注：Navigant（2015）データを用いた著者による計算にもとづく。

一般に電力需要曲線の形状がリアルタイム料金の導入により変わることは注記できる。

表6－2は、基準的な想定として現行料金からリアルタイム料金に移行しても電力需要量が変わらない（価格弾力性がゼロである）場合の部門別支払額の変化率（%）を示す。第2列は支払額の変化率を、その右側の3列はその要因分解を行ったものである。パネル（a）ではデマンド料金をなくし、限界費用価格のもとでの固定費回収のための収入不足額を全額一律の固定料金で回収する場合を示す。とくに教育施設では支払額が20%近く減少し、ホテルでは10%減少、オフィスビルでは約5%の増加、小売店舗では30%近くの増加となっている。その一要因としての価格水準効果については、各需

表6－2　リアルタイム料金導入による支払額増加率とその要因分解（価格弾力性＝0）

(a) デマンド料金をなくす場合

部門	支払額増加率	価格水準効果	価格変動効果	固定料金効果
教育施設	−19.9	−24.0	1.4	2.8
ホテル	−10.3	−23.4	−2.6	15.6
オフィスビル	4.7	−23.9	1.0	27.7
小売店舗	29.9	−23.9	1.7	52.1

(b) デマンド料金を維持する場合

部門	支払額増加率	価格水準効果	価格変動効果	固定料金効果
教育施設	−11.0	−24.0	1.4	11.6
ホテル	−7.6	−23.4	−2.6	18.3
オフィスビル	3.3	−23.9	1.0	26.3
小売店舗	18.9	−23.9	1.7	41.1

(c) 余剰に応じた固定費分配を行う場合

部門	支払額増加率	価格水準効果	価格変動効果	固定料金効果
教育施設	39.7	−24.0	1.4	62.3
ホテル	−1.5	−23.4	−2.6	24.4
オフィスビル	−7.0	−23.9	1.0	16.0
小売店舗	−19.4	−23.9	1.7	2.7

要家において減少となっている。これはリアルタイムの限界費用料金のもとでは、現行の（平均費用に応じた）料金のもとより料金水準が低くなることに起因する[13]。

教育施設、オフィスビル、小売店舗の負荷プロフィールは系統レベルのプロフィールとは逆に、発電限界費用の低い昼間により多くの電力を利用している。対象的に、ホテルでは発電限界費用の高い時間帯により多くの電力利用がなされている。このことが価格変動効果が前者3部門の支払額についてはそれを増やす方向に、そしてホテルの支払額に関しては支払額を減らす方向に働くことを説明する。

13　厳密には、系統全体でピーク需要が発生するときに発電容量全体が利用されているときには、効率的な料金は容量の制約に応じた希少価値を反映した（すなわち発電容量以下での限界発電費用より高い）水準となる。

表6－3　リアルタイム料金導入による支払額増加率とその要因分解（価格弾力性＞0）

(a) デマンド料金をなくす場合

部門	支払額増加率	価格水準効果	価格変動効果	固定料金効果
教育施設	－17.7	－21.7	1.2	2.8
ホテル	－7.9	－21.2	－2.3	15.6
オフィスビル	6.9	－21.6	0.8	27.7
小売店舗	32.2	－21.7	1.7	52.1

(b) デマンド料金を維持する場合

部門	支払額増加率	価格水準効果	価格変動効果	デマンド料金効果	固定料金効果
教育施設	－8.6	－21.9	1.3	0.5	11.6
ホテル	－5.7	－21.4	－2.3	－0.2	18.3
オフィスビル	5.1	－21.8	0.8	－0.2	26.3
小売店舗	21.5	－21.8	1.7	0.6	41.0

(c) 余剰に応じた固定費分配を行う場合

部門	支払額増加率	価格水準効果	価格変動効果	固定料金効果
教育施設	41.8	－21.7	1.2	62.3
ホテル	0.9	－21.2	－2.3	24.4
オフィスビル	－4.8	－21.6	0.8	16.0
小売店舗	－17.2	－21.7	1.7	2.7

固定料金効果は、企業あたりの電力利用量またはピーク需要が大きいために支払額が大きな部門のほうが小さい。これは固定料金が企業の規模を問わず一律と仮定していること（よって固定料金が企業の電力利用量に応じて逆進的であること）による。

デマンド料金が維持される場合には、ピーク需要が比較的大きな需要家はそれを支払い続ける（パネルb）。比較的ピーク需要が高い教育施設・ホテルの需要家については支払減少幅が減少する。総じて支払額増加率の符号は変わらない。

パネル（c）では電力消費に伴う余剰に比例して固定費を分配する場合の支払額への効果を示す。とくに一企業当たりの電力利用量が大きく、またその時間を通じた変動が大きな企業のほうが支払額増加率が大きくなる。上記

2パネルに比べると増加率の符号も逆となることを注記する。

表6-3は、リアルタイム料金のもとで電力需要が価格に応じて変化する場合（$\sigma > 0$、$\sigma_e > 0$）の部門別支払額の変化率を示す。価格反応がある場合には支払額の増減幅が小さくなることが観察できる。

上記の分析は多くの仮定のもとでのシミュレーションにもとづくので結果の解釈には注意を要する。しかし、リアルタイム料金を導入する場合に固定費回収をいかに行うかによって産業間・企業間の分配効果が著しく異なることは注記に値する。実際には非常に大きな支払額の増加や減少は社会的に受け入れ難いかもしれない。公平性をいかに定義にするかによっても、望ましい固定費回収法は異なる。現在の各企業の支払額の大小を与件として、支払額の増減が各企業に対し一定の範囲に収まるようにするのが公平なのか。あるいは、現在リアルタイム料金がないゆえに（またデマンド料金の性質ゆえに）余剰のわりに支払いの少ない企業に対してより大きな支払いを求め、支払いが過剰である企業に対して支払いを小さくすることが公平であるのか。リアルタイム料金導入の効果は効率性の観点から分析されることが多いが、上記の分析はその公平性、分配効果も顕著であることを物語る。

4-5　リアルタイム料金のシミュレーション：厚生効果

ここまで、リアルタイム料金が部門別の電力消費と支払額に与える影響を分析した。以下では経済厚生効果を考える。厚生効果は短期と長期で異なる。短期とは、電力の供給側においては発電所の設備、数やエネルギーミックスが変わらないような期間、そして需要側においては省エネルギーへの投資が起きたりしないような比較的短い期間を意味する。リアルタイム料金導入による短期厚生効果は、小売価格が実際の限界費用から乖離した水準から限界費用価格に変わることによる価格の歪み是正に伴う社会的余剰の増加を意味する。長期的には、それと異なる種類の厚生効果が考えられる。例えばリアルタイム料金導入により系統全体のピーク需要が削減されれば、地域の電力供給のために追加的な発電所の投資をする必要がなくなるかもしれない。需要家も長期的には太陽光パネルや蓄電設備へのさらなる投資を進めるかもしれない。それらの厚生効果を吟味するには系統や発電への投資、省エネルギー投資に関するデータや仮定が必要となり、本章の射程を超える議論が必要なる。ここでは短期の余剰変化に焦点をおく。

そのような短期の厚生効果は、図6－2のパネル（b）を用いて説明できる。現行の価格が p であり、限界費用の水準 p^* に価格づけが変更されると領域A、Bにあたる余剰が増加する。上記までの分析では限界費用の発電出力に関する関数は特定しておらず、その形状を把握するには追加の分析が必要となる。よって領域Bの大きさを計算することはできない。ここで $\Delta p = p - p^*$、$\Delta x = x^* - x$ と表し、領域Aの大きさを線形近似すると

$$(1/2)\Delta p \Delta x = (1/2)\Delta p \frac{\Delta x}{\Delta p} \Delta p = (\Delta p)^2 \frac{dx}{dp}$$

となる。これは、同様の余剰分析の先駆者の名前からHarbergerの公式と呼ばれる（Harberger 1964）。この公式を用いれば、需要関数の傾きに価格変化分の2乗をかけることで余剰変化の近似値を計算することができる。本章の時間別電力需要の文脈では、各時間の電力需要がその時間のみならず他の時間の電力料金にも依存する関数となっている。Jacobsen *et al.* (2014）は、そのような複数市場が考慮の対象となる場合へのHarberger公式の拡張を示している。その考え方を応用すると、時間別料金ベクトル p から p^* への移行に伴う余剰の変化は

$$\Delta S(p, p^*) = \sum_{i=1}^{24} \sum_{j=1}^{24} (p_i^* - p_i)(p_j^* - p_j) \frac{\partial x_i}{\partial p_j}$$

と近似できる。

この手法を用いて得られる厚生効果の近似値は表6－4が示すとおりである。興味深い点がいくつかある。まず、デマンド料金を伴わないリアルタイム料金導入の厚生効果は、支出額比で約3％ほどになる（パネルb）。大口需要家の支出額の規模を考慮すると、これは無視できない大きさである。一方、デマンド料金を維持したリアルタイム料金のもとでは、余剰の増加分は著しく小さくなる（0.01％未満）。このことはリアルタイム料金導入にかかわる潜在的なトレードオフを示唆する。すなわち、デマンド料金を維持することに

表６－４　リアルタイム料金移行に伴う厚生効果

(a) 部門別一月当たりの厚生効果（ドル）

部門	リアルタイム料金（DC なし）	リアルタイム料金（DC あり）
教育施設	70,582	7
ホテル	197,800	639
オフィスビル	170,560	4
小売店舗	70,000	97

(b) 厚生効果（4 部門合計、電力支払い総額比、%）

リアルタイム料金（DC なし）	リアルタイム料金（DC あり）
3.0323	0.0045

よって支払額への効果は小さく抑えられるものの、厚生効果は非常に小さくなる。

なお、ここまでの議論では発電に伴う大気汚染物質や温室効果ガスの排出がもたらす外部性について考慮していない。それを考慮した社会的限界費用を考慮すると、社会的に望ましいリアルタイム料金は（私的）限界費用に限界外部費用を足したものとなる。ホノルルの場合は消費電力の多くが石炭火力と石油火力に依存している。推定値として、Muller *et al.*（2011）で試算されている社会的限界外部費用を応用すると、ホノルルでのそれは kWh あたり約３セントとなる。これを限界費用に足しても、現行の小売価格のほうが社会的限界費用よりまだ高いことがわかる[14]。この社会的費用を考慮するとリアルタイム料金の社会的余剰への影響は正であるものの、その規模は小さくなると言える。

14　Borenstein and Bushnell（2018）は粒子状物質、二酸化硫黄、一酸化炭素、二酸化炭素の排出に伴う限界外部費用を考慮した社会的限界費用と電力の小売価格を郡レベルで推計・比較している。それによると、全米の家庭向け電力のうち 39 %については小売価格が社会的限界費用を上回る。

5　電力料金改革における課題とその克服の可能性

5-1　電力料金改革が直面する課題

本章では電力小売へのリアルタイム料金の導入がもたらす経済効果について主要点を概観した。リアルタイム料金導入に伴う経済厚生の改善の可能性、そして各産業・企業の電力料金支払額が変わることに伴う再分配効果を確認した。

リアルタイム料金への移行に伴い、現行価格体系のもとで発電の限界費用が高い（系統全体の需要がピークとなる）時間帯においてより多く電力を利用している需要家にとっては支払額の増加が、そしてそうでない需要家にとっては支払額の減少が見込まれる。ホノルルの産業データを用いた試算は、そのような支払額の増減を通じた企業間の分配効果は無視できないほど大きな規模となる可能性があることを示唆する。とくに支払額が著しく増加するような産業部門がある場合には、電力料金改革が受け入れられやすくなるような（かつ効率性を損なわないような）料金設計が有益となる。

毎時間の限界費用を反映しないような伝統的・固定的な電力料金は、電力市場の非効率性の一因となっている。また、産業部門の需要家に対して課されているデマンド料金は、当該時間の限界費用を著しく超えた水準に設定されている。各需要家のピーク需要が発生する時間は、系統全体で限界費用がピークとなる時間帯と必ずしも一致しない。よって、系統のピークを抑えるという目的のためには、デマンド料金は効果的ではない。その一方で、デマンド料金は電力サービスの固定費用回収のために重要な役目を果たしている。

リアルタイム料金への移行によって、とくにデマンド料金を解消することも産業間の再分配効果を持つ。すなわち、月間消費量に比してピーク需要が高い需要家からよりピーク需要が低い需要家への支払額の転嫁が起きる可能性がある。そのような分配効果は料金改革への障壁となるかもしれない。しかしながら、リアルタイム料金による電力市場の効率改善を目指すなら、電力価格の（真の限界費用からの）歪みを伴うデマンド料金を撤廃せねばならないことも本章の経済厚生分析は示唆する。

5-2　さらなる研究の機会と重要性

本章ではホノルルという一都市での産業部門の電力消費に焦点をおいた事例研究の結果を示した。電力市場の性格、産業構造、電力料金の体型は地域により大きく異なる。将来的に各地で電力事業再編や市場の改革が進む中で、各地電力市場のデータを用いたさらなる実証・シミュレーション分析が必要となる。

また上記の経済効果の分析で明らかなように、その試算は電力の需要価格弾力性、異なる時間の消費電力の代替の弾力性などのパラメータの大きさに決定的に依存する。パラメータ推定にあたっては需要家レベル・時間レベルの電力需要データを用いた厳密な需要分析が必要となる。またリアルタイム料金の試験的な運用などを通じたデータの蓄積とその応用が役立つ。

本章ではリアルタイム料金導入の厚生効果を分析したが、前節で触れたように短期的な効果の分析に焦点をおいている。電力需要曲線が変わることは、(蓄電技術の大規模導入がまだ費用の面で困難である状況では) 時間別発電量も変わることを意味する。よって料金変更に伴う経済効果の分析にあたっては、各時間での発電・電力サービスの費用関数を想定し、需給双方の調整を通じた均衡の決定過程を考慮することが有効となる[15]。

視点をより大きく広げると、電力市場での需給両面のみならず、その関連市場（例えば太陽光パネルやその他のエネルギー効率投資に関わる市場）との間のフィードバックも両市場での政策・規制に依存する。リアルタイム料金の導入は異なる種類の電源導入、系統投資、需要側の節電投資へのインセンティブに影響を与える。また、それらの投資に関する政策の変更も電力の需給双方に変化をもたらす。エネルギー関連市場の相関関係を考慮した研究のさらなる進展は、固定価格買取制度のような再エネ促進政策の評価、そして

15　電力需給双方の調整を考慮した上で太陽光発電の追加的導入が系統全体に与える経済厚生効果分析した事例として、Gowrisankaran *et al.* (2016) が挙げられる。

効果的な電力価格改革の実現に大きく貢献する。

電力市場改革については、理論的な分析の余地も大きい。上記のような需給フィードバックを考慮した電力市場均衡のシミュレーションを行う研究では、異時点間の電力代替を考慮しない手法がとられていることが多い。本章で紹介した応用では異時点間の電力代替に関して単純なCES型生産関数を特定したが、電力代替のしやすさは時間帯によって（例えばピーク時間帯、深夜のように電力利用が低い時間帯、そして両者の間において電力負荷が徐々に上がる時間帯の間では）異なる。ひとたび産業ごとに異なる需要関数を設定するとなると、産業間でピーク時間帯や価格・代替弾力性が異なる可能性を取り入れなければならない。また、固定費回収の方法についてはそれが需要家行動に与える影響を考慮することが必要となる。例えば本章で応用したWolak（2018）流の定式化では、各需要家の過去の一定期間にわたる電力消費がその需要家の（系統全体の固定費の）負担割合を規定する。よって、リアルタイム料金のもとでは、長期的には固定費負担割合が下がるような省エネ投資をするインセンティブが増えるかもしれない。

また電力事業規制において小売価格の効率化と並んで大きな課題となるのは、自然独占の性格が残る配電事業をいかに規制するかということである。伝統的な総括原価方式のもとでの非効率については長い間指摘されてきたが、電力会社が効率的に行動するインセンティブを改善するとされる代替策としての「パフォーマンス規制（Performance-Based Regulation、PBR)｝」については研究余地が多い。PBRの研究に関しては多くの論文が存在する[16]。しかしながら、実際にあるPBRの検証については実証結果が少ない。Wolak（2018）のように、PBRが結局は総括原価方式のように規制される電力会社の非効率な行動を招くという意見もある。とくに大量再エネ導入や技術革新に伴う新たな企業参入の余地の増加、電力市場の産業構造の変化が進む中で、効率的に望ましい電力事業規制の理論についてはまだ大きな研究余地が残っ

16　例えば先駆的な貢献として初期の貢献としてBaron and Myerson（1982）、Laffont and Tirole（1986）が挙げられる。比較的近年の展望論文としてはJoskow（2008）を参照。

ている。

電力事業再編は古くから議論されているものの、多くの国で現在進行形の経済課題である。また、再エネや蓄電、需給双方向の情報伝達を促進するスマートグリッドなどの技術は進歩が早く、既存の技術を前提とした分析は短期間でその政策示唆が時代遅れになる可能性もある。よって上記で紹介したような研究機会は、今後十数年間は形を変えつつも残り続けると期待できる。

参考文献

Aigner, D. J.（1984）"The Welfare Econometrics of Peak-load Pricing for Electricity: Editor's Introduction," *Journal of Econometrics*, vol. 26, no. 1–2, pp. 1–15.

Baron, D. and R. Myerson（1982）"Regulating a Monopolist with Unknown Costs," *Econometrica*, vol. 50, pp. 911–930.

Borenstein, S.（2005）"The Long-run Efficiency of Real-time Electricity Pricing," *Energy Journal*, pp. 93–116.

———（2007）"Wealth Transfers among Large Customers from Implementing Real-time retail Electricity Pricing," *Energy Journal*, pp. 131–149.

Borenstein, S. and J. B. Bushnell（2018）. "Do Two Electricity Pricing Wrongs Make a Right? Cost Recovery, Externalities, and Efficiency," Working Paper 24756, National Bureau of Economic Research.

Coffman, M., P. Bernsein, S. Wee, and A. Arik（2016）"Estimating the Opportunity for Load-Shifting in Hawaii: An analysis of proposed residential time-of-use rates," Working Paper, University of Hawaii Economic Research Organization, University of Hawaii at Manoa.

Gowrisankaran, G., S. S. Reynolds, and M. Samano（2016）"Intermittency and the Value of Renewable Energy," *Journal of Political Economy*, vol. 124, no. 4, pp. 1187–1234.

Greer, M.（2012）. *Electricity Marginal Cost Pricing: Applications in eliciting demand responses*. Elsevier.

Harberger, A. C.（1964）"The Measurement of Waste," *American Economic Review*, vol. 54, no. 3, pp. 58–76.

Holland, S. P., E. T. Mansur, N. Muller, and A. J. Yates（2018）"Decompositions and Policy Consequences of an Extraordinary Decline in Air Pollution from Electricity Generation." Working Paper 25339, National Bureau of Economic Research.

Hopkinson, J.（1892）"The Cost of Electric Supply," *Transactions of The Junior Engineering Society*, vol. 3, pp. 33–46.

Imelda, M. Fripp and M. J. Roberts（2018）"Variable Pricing and the Cost of Renewable Energy," Working Paper, University of Hawaii Economic Research Organization, University of Hawaii at Manoa.

IPCC（2014）Summary for Policymakers, in *Climate Change 2014: Mitigation of climate change*, Contribution of Working Group III to the Fifth Assessment Report of the Intergovernmental Panel on Climate Change.

Jacobsen, M. R., C. R. Knittel, J. M. Sallee, and A. A. Van Benthem,（2016）"Sufficient Statistics for Imperfect Externality-correcting Policies," Working Paper 22063, National Bureau of Economic Research.

Jessoe, K. and D. Rapson（2015）"Commercial and Industrial Demand Response Under Mandatory Time-of-Use Electricity Pricing," *Journal of Industrial Economics*, vol. 63, no. 3, pp. 397–421.

Joskow, P. L.（1974）"Inflation and Environmental Concern: Structural change in the process of public utility price regulation" *Journal of Law and Economics*, vol. 17, no. 2, pp. 291–327.

Joskow, P. L.（2008）"Incentive Regulation and Its Application to Electricity Networks," *Review of Network Economics*, vol. 7, no. 4.

Laffont, J-J. and J. Tirole（1986）"Using Cost Observation to Regulate Firms," *Journal of Political Economy*, vol. 94, pp. 614–641.

Mountain, D. C., and C. Hsiao（1986）"Peak and Off-peak Industrial Demand for Electricity: the Hopkinson rate in Ontario, Canada," *Energy Journal*, vol. 7, no. 1, pp. 149–168.

Melitz, M. J. and S. J. Redding（2014）"Heterogeneous Firms and Trade," *Handbook of International Economics*, 4: pp. 1–54. Elsevier.

Muller, N. Z., R. Mendelsohn, and W. Nordhaus（2011）"Environmental Accounting for Pollution in the United States Economy," *American Economic Review*, vol. 101, no. 5, pp. 1649–1975.

Navigant Consulting, Inc.（2015）"Demand Response Potential Assessment for Hawaiian Electric Companies," Final Draft Report, Prepared for Hawaiian Electric Companies, Docket 2015–0412 Exhibit A.

Oshiro, A. and N. Tarui（2018）"The Effects of Alternative Pricing Structures on Electricity

Consumption and Payments in the Commercial Sector," presented at the Applied Econometrics Conference organized by Kobe University, September 2018.

Taylor, T. N. and P. M. Schwarz（1990）"The Long-run Effects of a Time-of-use Demand Charge," *Rand Journal of Economics*, pp. 431–445.

Wolak, F. A.（2018）"The Evidence from California on the Economic Impact of Inefficient Distribution Network Pricing," Working Paper 25087, National Bureau of Economic Research.

東京商品取引所（2016）「平成27年度商取引適正化・製品安全に係る事業：電力先物の価格形成手法に関する調査」.

国立環境研究所（2018）「日本国温室効果ガスインベントリ報告書」.

八田達夫・田中誠編著（2004）『電力自由化の経済学（経済政策分析シリーズ8)』東洋経済新報社.

松川勇（2003）『ピークロード料金の経済分析——理論・実証・政策』日本評論社.

山口聡（2009）「電気事業」国立国会図書館調査及び立法考査局『経済分野における規制改革の影響と対策』.

山田光（2012）『発送電分離は切り札か——電力システムの構造改革』日本評論社.

第Ⅲ部

資　源

第7章

資源の呪い——理論と現実

新熊 隆嘉

1 はじめに

資源の呪い（resource curse）は、「天然資源に恵まれた国の経済発展は相対的に停滞する」という逆説的命題である。1990年以前この現象に注目する経済学者は少なかったが、パイオニア的研究であるSachs and Warner（1995）が発表されて以降、このトピックには開発経済学、政治経済学（Political Science）、環境経済学から多くの研究者が参入しており、現在も精力的に研究されている。

かつて資源の呪いはオランダ病（Dutch Disease）として解釈されたが、近年では、資源収入をめぐる汚職や紛争に着目した政治経済学的な説明が主流となってきている。資源が豊富であることで、資源収入をターゲットとしたレントシーキング活動は新しいビジネスを起業することよりも魅力的な選択肢となるかもしれない。また、資源国の有力政治家は汚職を通して、資源収入の一部を不正に蓄財しようとするかもしれない。あるいは、資源収入の分配に失敗して、紛争が生じるかもしれない。

サブサハラ・アフリカは資源豊富な国が多いが、その少なからずの国では一般市民は貧困状態に取り残され、典型的な資源の呪いが観察される地域である。とくに資源関連の汚職や紛争が絶えない。汚職は外国の資源採掘企業と資源国の有力政治家との間で行われていることが多い。2002年イギリス元首相ブレアの提唱によってEITI（Extractive Industries Transparency Initiative）

が誕生したが、これは資源セクターにおける汚職を防止する国際的な取り組みである。一方、コンゴ民主共和国など一部の国では採掘された資源が武装組織の資金となっている現実がある。そのような紛争鉱物を市場から締め出すため、2011年アメリカでドッド・フランク法（Dodd-Frank Wall Street Reform and Consumer Protection Act）が施行された。資源国での汚職や紛争を防止するための取り組みはまだ始まったにすぎない。

本章では、近年の膨大な研究成果について理論研究を中心に概観したのち（第2節）、サブサハラ・アフリカを中心に実際の汚職や紛争について概観する（第3節）。続く第4節において、汚職と紛争を防止する国際的な取り組みとして、EITIとドッド・フランク法を紹介する。第5節は結びである。

2　先行研究

2-1　資源国におけるレントシーキングと資源の呪い

資源の呪いに対する伝統的な説明は、オランダ病であった。ある国で資源ブームが起きた（資源が発見されるか、あるいはその国が保有する資源の価格が高騰した）としよう。Corden and Neary（1982）によれば、資源ブームによってもたらされた資源収入は国民所得を増加させ、非貿易財への需要を刺激する。その結果、非貿易財の相対価格で測られた実質為替レートの上昇が起きる。そして、実質為替レートの上昇は貿易財セクターの縮小と非貿易財セクターの拡張をもたらす。製造業に代表される貿易財セクターは経済成長の源泉でもあることから、その縮小は経済成長を妨げる要因となる。これが資源ブームの短期的影響であり、このことが1959年に天然ガス田が発見されたオランダで起きたことからオランダ病と呼ばれる。

近年、多くの研究者によってオランダ病とは異なる説明が模索されるようになった。第一に、資源国では資源収入へのレントシーキング活動の方が魅力的となり、本来であれば起業して成功する人々が生産には何の貢献もしないレントシーキング活動に傾倒していくことで経済全体の社会的厚生が損なわれていく。

Tornell and Lane（1998）、Tornell and Lane（1999）は、フォーマルセクターとインフォーマルセクターにおいて生産活動を営む n 個の利益集団からなる経済を考えた。フォーマルセクターにおいては輸出財が生産され、インフォーマルセクターにおいては輸入財と競合する財が生産される。各利益集団はインフォーマルセクターで生産される財を消費して効用を得るものとする。また、インフォーマルセクターの生産効率はフォーマルセクターのそれよりも低いものとする。さらに、フォーマルセクターには課税可能であるのに対して、インフォーマルセクターは課税可能でないと仮定される。

各利益集団はレントシーキング活動として、政府に財政的トランスファーを要求することができる。政府からのトランスファーは各利益集団の（非課税の）インフォーマルセクターに蓄財（投資）される。政府は各集団からのトランスファーの要求をみたすために、フォーマルセクターにおける所得に対して課税する。

ここで、何らかの原因によりフォーマルセクターにおいて収益率が向上したとしよう。このことは、二つの効果を発生させる。一つは、フォーマルセクターにおける投資がより大きな利潤を生むようになるという直接的な効果である。一方、それによって、各利益集団はより多くの財政的トランスファーを要求するようになるという間接的効果が生み出される。彼らはこれを voracity effect と呼んだ。この voracity effect によって政府はフォーマルセクターへの税率を上げることになるが、このことがフォーマルセクターから（非効率的な）インフォーマルセクターへの資本流出を招く。間接的な voracity effect が直接的効果を上回る結果として、経済全体の経済成長率がむしろ下がることを示した。

この voracity effect の大きさは利益集団の数に依存する。自分が大きなトランスファーを要求すればその他の利益集団の収益率は下がる。もし、その結果、フォーマルセクターの収益率がインフォーマルセクターのそれよりも下回るようなことになれば、他の利益集団はすべての資本をインフォーマルセクターに移すであろうし、そうなれば元も子もない。利益集団の数が大きいと、資本流出も大きいと予測されるので、各利益集団は大きなトランスファーを要求せず、結果として voracity effect は小さい。

ここで、フォーマルセクターを資源採掘セクターとすれば、フォーマルセクターでの収益率の外生的な上昇は、資源価格の上昇や資源の発見と解釈できる。すると、資源の呪いは、そうした資源ブームがレントシーキングを活発にし、結果として経済成長がむしろ下がる現象として解釈される。

一方、Torvick（2002）、Mehlum *et al.*（2006）は、資源ブームが起業家のマインドに影響を与えることに着目した。資源ブームによって起業家はビジネスの立ち上げよりもレントシーキングを選択した方がより高い利益を手にすることができるかもしれない。Torvick（2002）は、起業家がレントシーキングを選択する結果、経済成長が下がることを示した。他方、Mehlum *et al.*（2006）は、類似のモデルを用いながらも、レントシーキングが可能なのは、それに対する制度的な障害が存在しない場合であることに着目し、制度の質を表すパラメターをモデルに取り入れた。N 人の起業家が生産活動かレントシーキングを選択するモデルにおいて、制度の質がある閾値よりも低い場合には、少なくとも一部の起業家がビジネスの立ち上げではなくレントシーキングを選択する状態で均衡が生じる。ここで、資源レントが外生的な要因で増加したとしよう。資源レントの増加はレントシーキングの期待利潤を引き上げる結果、生産者となる起業家の数が減少する。生産者となった起業家の数が減少するとともに、一人のレントシーカーが獲得する資源レントは（ライバルが減ることによって）増加することに注意しよう。そのことでさらなる生産者の減少（レントシーカーの増加）に拍車がかかる。このメカニズムによって資源ブームが資源の呪いとなる。他方、制度の質がある閾値よりも高い場合には、均衡ではすべての起業家が生産活動を選択する状態が生じるため、資源の呪いは生じない。さらに、彼らは実証研究も行っており、理論結果が実証的にも支持されることを確認している。

一方、実証研究では逆の因果関係が指摘されている。すなわち、資源ブームに刺激されたレントシーキングが制度の質を劣化させ、その傾向は石油で著しい（Bulte *et al.* 2005；Isham *et al.* 2005）。そこで、Hodler（2006）は、レントシーキングが逆に制度の質を低めるというメカニズムを次のような理論モデルで示した。社会には複数の利益集団に分かれており、各グループは一定量の努力を保有しており、それを私的財の生産と資源収入に対するレントシーキング活動に振り分ける。資源収入は共有財であり、各グループが獲得できる割合は、各グループの努力量が全グループの総努力量に占める割合で与えられる。この設定で、資源収入が大きくなれば、レントシーキングの努力量も増え、経済的損失も大きくなることは驚くに値しない。そこで、Hodler（2006）は、レントシーキング活動が私的財セクターにおける所有権の浸食を引き起こすと仮定した。具体的には、ある割合の努力がレントシーキングに費やされたとき、同じ割合の私的財も共有財としてレントシーキング対象とされると仮定した。この制度的劣化は、私的財の生産インセンティブを二つの理由で弱める。第一に、生産された私的財の一部が共有財となってしまうからであり、第二に、所有権の浸食によって共有財が増加することでレントシーキングの収益が上がるからである。Hodler（2006）は利益集団の数が2以上であれば、資源収入の増加によって経済厚生は減少するとともに、所有権制度が劣化し、こうしたマイナス効果は利益集団の数とともに増大することを示した。

2-2　政治的指導者による不正蓄財と資源の呪い

前項では、資源の所有権が確立されていない場合、ガバナンスの弱い政府に対するレントシーキングが可能であり、ある一定のルールのもとで利益集団の間で資源収入が分配される状況を示している。しかしながら、たとえ選挙制度などの制度が整備されていても、ガバナンスがなお弱いために政治的指導者は資源収入を原資として権力を維持し、不正蓄財をするかもしれない。ここでは、こうした腐敗・汚職というチャネルで資源の呪いを説明した先行研究を紹介しよう。

資源国の政治的指導者が資源収入を不正蓄財の対象としてしまうことは枚挙にいとまない。その一方で、資源とくに石油が豊富に存在すると、その国は民主主義国家ではなく権威主義国家の傾向を強めるという実証結果が存在する（Aslaksen 2010；Tsui 2011；Ahmadov 2014）。すなわち、腐敗した政治的指導者は、自らの不正蓄財のために資源収入を原資として様々な防衛策を講じ、反体制派の政治家・一般市民からの挑戦を抑圧・懐柔する。その結果として資源国は民主主義国家から遠のいていく。

第一に、資源国の政治的指導者は軍隊を強化して武力でもって反対勢力を抑圧するかもしれない。Wright *et al.*（2015）による実証研究によれば、石油資源を豊富に有する権威主義国家では軍事費を増やして民衆の蜂起による政権交代のリスクを引き下げることで、長期にわたる権力維持が可能になっている。莫大な資源収入は権力の座の価値を高め、政治闘争を煽る。Tsui（2010）は、現職の政治家はライバルたちが選挙へ立候補することに対して様々な参入障壁を立てる行動を理論的に解明した。例えば、反対勢力を弾圧する目的で軍隊を増強するという行動はその一つであるとした。政治的ライバルも費用をかけて参入障壁を乗り越えようとする。このような費用は明らかに無駄であり、経済全体の生産性を引き下げる。Tsui（2010）は、民主主義国家では必要以上の軍隊を保持する等の参入障壁を立てられることが稀であるのは、参入障壁を立てる取引費用が権威主義国家よりも民主主義国家の方が高いからであると論じた。その一方で、Tsui（2010）は公共財の供給は過少供給になり得ることを示した。

第二に、資源国の政治的指導者は公共財の供給を政権に不満を持つ民衆に対する懐柔策として使うかもしれない。Bueno de Mesquita *et al.*（2003）は、選挙モデルを使って、政府が公的資金をどのように使うかを分析した。その結果、例えば軍事政権のように少人数の結託によって政権維持が可能である場合には、政府は政治的同胞への所得移転により多く支出するインセンティブをもち、他方、民主主義国家のように政権維持のためには多数からの支持を必要とする場合には、政府は公共財の供給により多く支出するインセンティブをもつことが示された。Smith（2008）は、Bueno de Mesquita *et al.*（2003）を拡張して、一般市民が資源収入のような非労働所得からの恩恵を受けることができるのは、少数による結託で政権が維持されるシステム（small coalition system）よりも大多数の結託を必要とするシステム（large coalition system）においてであることを示した。Deacon（2009）も同様の理論結果を得ている。民主主義のように政治力がグループ内で比較的均等に分布している場合には、政府は政権維持のための所得移転よりも公共財供給により多く支出する一方、独裁政治のように政治力が一部のメンバーに偏在している場合には、政府は政権維持のための所得移転に多くの予算を割くことを示した。さらに、Deacon (2009) では、権威主義国家での公共財供給は民主主義国家でのそれよりも小さいことを実証的に示した。

第三に、資源国の政治的指導者は公務員として雇用することで支持者を増やそうとするかもしれない。資源国に選挙等の政治システムが存在する場合には、政治家は国民からの支持を得なければならない。政治家も選挙民である市民も信憑性の問題に直面する。政治家の選挙前公約が実際に実行されるかどうかは選挙後にしかわからないため、選挙民は政治家の公約を信じることができない。一方、選挙民も選挙での支持と引き換えに自分たちが望むような公約を掲げるように政治家を説得することはできない。というのは、政治家は公約を掲げた後に選挙民が本当に自分に票を投じるかどうか信用できないからである。Robinson *et al.* (2006) は、政権を握る現職の政治家が一部の選挙民を公務員として雇用することによって、こうしたコミットメント問題が解決され得ることを示した。

Robinson *et al.* (2006) では、社会は二つのグループＡとＢに分かれており、それぞれを代表する政治家がいると仮定される。現職政治家Ａはグループ Ａに属し、自分とグループＡに属する人々の効用の加重平均を最大にするように行動する。ＡとＢの選挙民は同じ選好をもち、どちらの政治家に投票するかは、その政治家の下で実現する期待効用が最大になる方を選ぶ。現職政治家Ａは自分と同じグループの人々の効用にも関心をもつので、選挙前にグループＡの人のみを公務員として雇用する。ここで、もし敵対する政治家Ｂが当選すれば、政治家Ｂは選挙後にそれまで雇用されていたグループＡの公務員を辞めさせ、自分たちのグループから新たに雇用することに費用がかからないものと仮定される。一方、現職政治家Ａがそれまで雇っていた同じグループの公務員を当選後に辞めさせることには費用が発生し、また、新たな賃金を再交渉するにも交渉幅が限定されるという仮定が置かれている。この仮定のために、選挙前に公務員として雇用されているグループAの選挙民は、現職が勝てば選挙後にも公務員としての地位が保証されるという現職政治家Aからの提案を信用することができ（逆に、政治家Bからの地位保証に関する提案は信用できない）、現職に票を投じるインセンティブをもつ。こうして、現職政治家Aは資源収入を原資として公務員として雇用することで選挙民を買収することができる。このように雇われた公務員は生産には寄与しないため、国全体の所得は下がるかもしれない。

2-3　紛争と資源の呪い

これまで見てきたように、資源収入はレントシーキングや汚職によって権力者たちの間で武力衝突を起こすことなく巧みに分配される。しかしながら、このようなある意味で平和な分配がつねに可能であるわけではなく、資源収入の分配はしばしば紛争に発展する。実際、石油・その他の鉱物資源を問わず資源が存在することで紛争が起きやすくなることは多くの実証研究で示されている（Fearron 2004；Ross 2006；Collier *et al.* 2009）。

一方で、資源収入が紛争に及ぼす影響を分析した理論研究はそれほど多くない。Aslaksen and Torvick（2006）によれば、資源収入が政治的均衡に与える影響は、紛争モデルか政治経済モデルのいずれかを用いて分析されてきた。そこで、Aslaksen and Torvick（2006）は、両モデルを統合して、どのような条件下で民主主義政治体制が選択され、どのような場合に紛争に発展するのかを明らかにした。資源収入が大きくなると、均衡として紛争が生じやすくなることを示した。以下では、Besley and Persson（2011）の理論を詳しく紹介しよう。

Besley and Persson（2011）は、紛争モデルに依拠しつつ、平和、弾圧、紛争が均衡として生じる条件を明らかにした。紛争が生じるのは、二つのコミットメント問題に起因する。一つは、紛争が起きなかった場合の反政府組織に対する所得移転に現政権がコミットできないという問題であり、もう一つは、反政府組織が紛争をしかけないということにコミットできないという問題である。

Besley and Persson（2011）は社会を二つのグループに分け、一つは政権を握るグループであり、もう一つは政府に反対するグループとした。現政権は、支持層の効用を最大にすべく資源収入を配分する。ここで、各グループに属する市民は、公共財と私的財から効用を得ると仮定される。現政権は、資源収入（R）を原資として、反対グループを弾圧するためにグループの一部（L^{I}）を一定の賃金（w）のもとで雇うこともできる。一方、反対グループは、自分たちの所得から費用を捻出し、それを原資として自分たちの一部（L^{O}）を武装させることができる。その後、どちらのグループが次期政権を握るかが、L^{O} と L^{I} の大きさに依存して確率的に決まる。次期政権グループが決まると、次期政権は資源レントの配分を行う。一部を公共財支出（G）に使い、残りは支持グループへ所得移転される。

均衡では、平和（$L^{\mathrm{I}}=L^{\mathrm{O}}=0$）、弾圧（$L^{\mathrm{I}}>0,\ L^{\mathrm{O}}=0$）、紛争（$L^{\mathrm{I}}>0,\ L^{\mathrm{O}}>0$）が生じ得る。変数 $Z=(R-G)/w$ に二つの閾値が存在し、$Z<Z^{\mathrm{I}}$ のときは平和が均衡となり、$Z^{\mathrm{I}}<Z<Z^{\mathrm{O}}$ のときは弾圧が均衡となる。最後に、$Z^{\mathrm{O}}<Z$ のときは紛争が均衡として生じることが示された。

この結果に従うと、高い資源収入（R）は政治闘争（弾圧・紛争）のリスクを高めることがわかる。また、賃金（w）が高いと、Z が小さくなり、政治闘争のリスクも小さくなる。さらに、市民の公共財に対する評価が高いと、政権は公共財支出（G）を増やそうとし、その結果 Z が小さくなり、政治闘争のリスクも下がることがわかる。

一方、van der Ploeg and Rohner（2012）は、採掘量が内生的に決まる2期間モデルを用いて、紛争が資源の採掘量に与える影響を分析した。紛争の可能性がある場合、反政府組織によって政権を奪取されてしまうリスクがあるため、現政権は将来期の利益を過小評価する。また、現政権には資源を私有化して私的企業に採掘させて採掘権料を徴収するという選択も存在するが、将来期における私的企業の所有権が不確定であるため、企業から高額の採掘権料を徴収することもできない。その結果、現政権は資源産業を国有化し、現在期の採掘を増やすインセンティブをもつことが示された。

3　サブサハラ・アフリカにみる資源の呪いの現実

3－2　資源と腐敗、経済成長、軍事・公共支出、税率の関係

アフリカ大陸は資源が非常に豊かであり、西欧諸国による植民地支配の一つの目的が資源の収奪であった。第二次大戦後しばらくして独立を勝ち取ったアフリカ諸国であるが、ナイジェリア、コンゴ民主共和国（以下、コンゴ）をはじめ資源の呪い、とくに腐敗・汚職と紛争に苦しむ国も多い。ここでは、サブサハラ・アフリカ諸国における資源の呪いをデータを使ってみていこう。

まず、第2節で紹介した資源と腐敗・汚職に関する先行研究の結果をサブサハラ46か国のデータを使って確認しよう。まず、資源依存度（2011-2015年平均）と汚職度指数（2014年）の関係をみたのが図7－1である。ここで、

図7－1　資源依存度と汚職度指数の関係

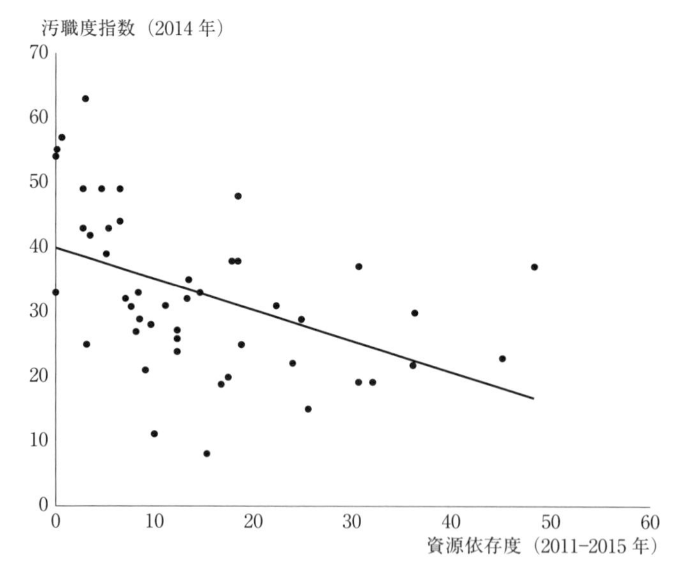

出所：資源依存度（Total natural resources rent（% of GDP））および汚職度指数（Corruption perceptions index）はそれぞれ World Bank（2017）と Transparency International（2014）のデータを使った。

汚職度指数が低いほど、腐敗した国であることを表している。すると、資源依存度と汚職度指数には負の相関が見て取れる。すなわち、資源依存度が高い国ほど、一般に腐敗している。

次に、資源依存度と経済成長率（ともに2011-2015年平均）をみたのが図7-2である。同図では、データを汚職度指数（Corruption Perceptions Index）が32以下の腐敗的な国（●で表示）と、それが33以上の比較的クリーンな国（○で表示）に分けてプロットしている。さらに、比較のためにOECD諸国平均も加えている。サンプル数が少ないために見づらいが、比較的クリーンな国では資源依存度と経済成長が正の関係をもつのに対して、腐敗的な国では資源依存度と経済成長が負の関係をもつことがわかる。

次に、資源依存度と軍事支出の関係をみよう。図7-3では、先ほどと同様にサンプルデータを比較的クリーンな国と腐敗的な国に分けている。腐敗的な国では、資源依存度が高くなると軍事支出の対GDP比率も高くなるこ

図7-2　資源依存度と経済成長率の関係

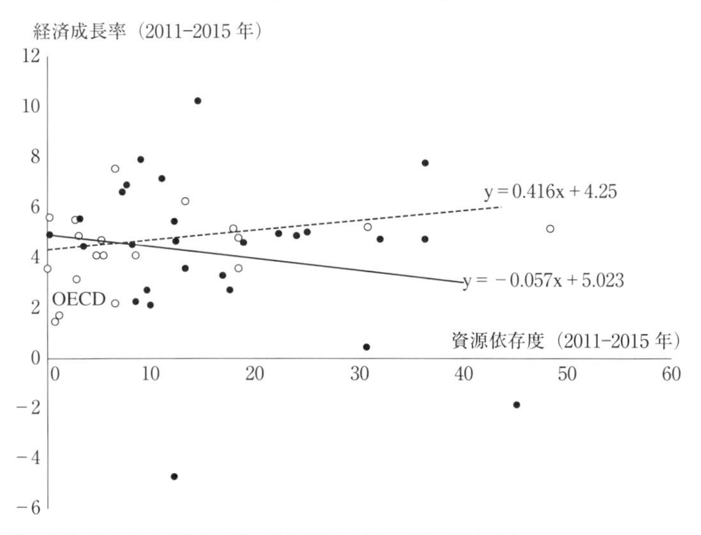

注：実線は●に対する近似直線、破線は○に対する近似直線を表す。
出所：資源依存度（Total natural resources rent（% of GDP））および平均成長率（Annual growth rate）はともにWorld Bank（2017）のデータを使った。

図７－３　資源依存度と軍事支出の関係

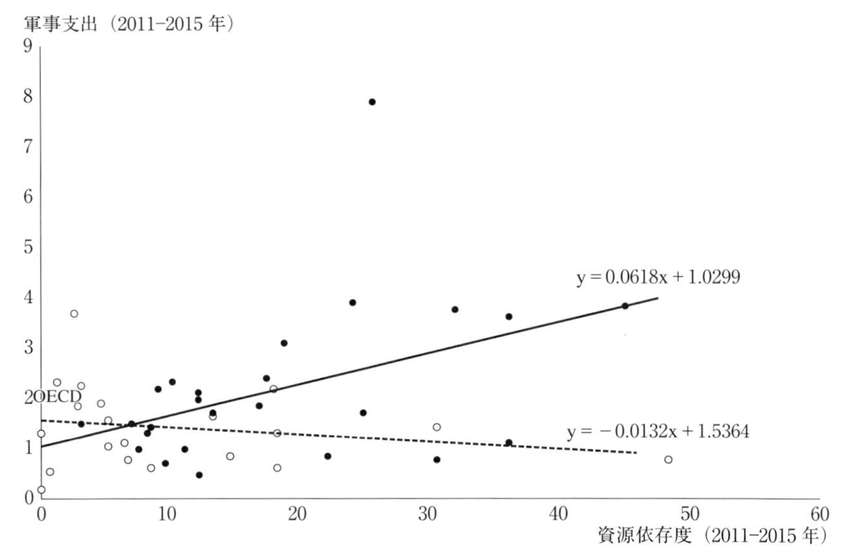

注：実線は●に対する近似直線、破線は○に対する近似直線を表す。
出所：資源依存度（Total natural resources rent（% of GDP））および軍事支出（Military expenditure（% of GDP））はともに World Bank（2017）のデータを使った。

とがわかる。概ね先行研究で示されてきたことと合致する。

続いて、図７－４は資源依存度と公共セクターにおける支出の関係を表している。資源依存度が高くなるにつれ、公共セクターへの支出が減少していることがわかるが、腐敗的な国では公共セクターへの支出がクリーンな国と比較してさらに過少となることがわかる。

さらに、図７－５は、資源依存度と税率の関係を表している。資源依存度が高い国ほど、税率も高いことがわかる。腐敗した国とクリーンな国を比べると、腐敗した国の税率の方が高いことがわかる。図７－４と図７－５はともに、腐敗した資源国において民間セクターが抑圧されている可能性を示唆している。

図7-4　資源依存度と公共セクターにおける支出の関係

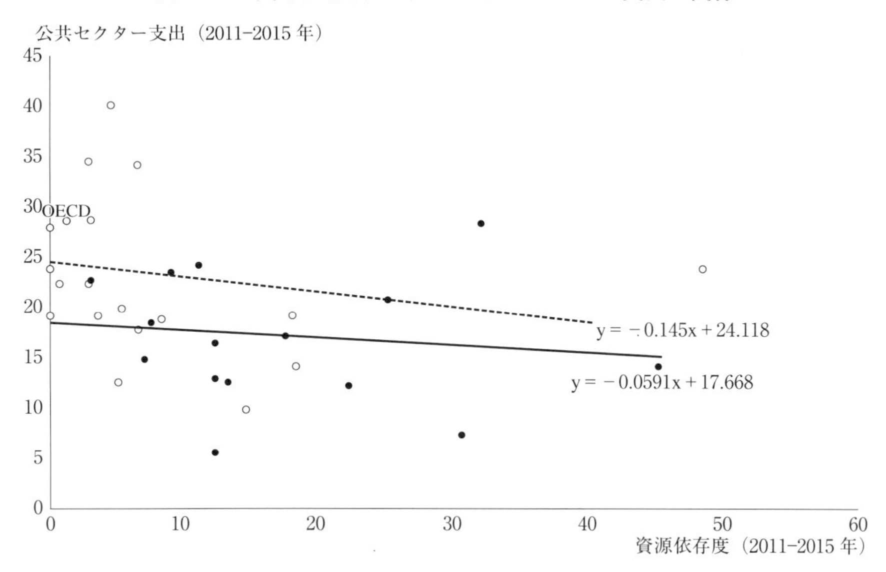

注：実線は●に対する近似直線、破線は○に対する近似直線を表す。
出所：資源依存度（Total natural resources rent（% of GDP））および公共セクター支出（Expense in public sector（% of GDP））はともにWorld Bank（2017）のデータを使った。

3-2　多国籍資源採掘企業と政府の汚職――ナイジェリア連邦共和国[1]

サブサハラ・アフリカにおける資源の呪いの一つの特徴は、ほとんどのケースで腐敗・汚職がからむことである。とくに、外国籍の資源採掘企業と政治的指導者の汚職がはなはだしい。ここでは、ナイジェリア連邦共和国（以下、ナイジェリア）の例を中心にその実態を見ていこう。

まず、ナイジェリアの石油・天然ガスセクターの産業構造を簡単に見ておこう。ナイジェリアはイギリスから1960年に独立した。1977年、ナイジェリア政府は同国石油産業に経営参加しそれを統制する目的で石油公社NNPC

1　筆者は2018年2月21日から3月2日にわたり、ナイジェリア連邦共和国を訪問した。主な訪問先はCISLAC（Civil Society Legislative Advocacy Centre）、EFCC（Economic and Financial Crimes Commission）、NEITI（Nigeria Extractive Industries Transparency Initiative）である。本節の一部は、訪問先でのインタビューの内容にも依拠している。

図7-5　資源依存度と税率の関係

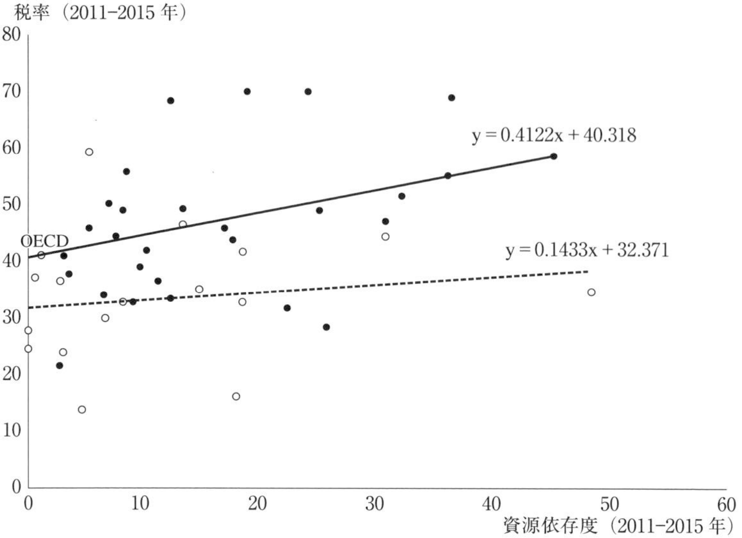

税率（2011-2015年）

y＝0.4122x＋40.318

y＝0.1433x＋32.371

OECD

資源依存度（2011-2015年）

注：実線は●に対する近似直線、破線は○に対する近似直線を表す。

出所：資源依存度（2011-2015年）（Total natural resources rent（% of GDP））および税率（Tax rate（% of commercial profits））はともにWorld Bank（2017）のデータを使った。

（Nigerian National Petroleum Corporation）を設立した。Royal Dutch Shell、Agip-Eni、ExxonMobil、Total S.A、Chevronといった国際的な石油会社（以下IOC）とナイジェリア政府との契約をNNPCは任されている（NEITI 2014）。現在の石油産業の規制当局はDPR（The Department of Petroleum Resources）であるが、1988年までDPRはNNPCの内部組織であった。このことからもわかるように、NNPCは現在も準政府組織であり、大統領をはじめとする石油相ら有力政治家の強い影響下にある。

NNPCとIOCの主な契約は次のタイプである。Joint Venture（JV）は、陸上油田を対象に行われていた契約で、NNPCとIOCが出資して、出資分に応じて産出された石油を分ける仕組みである。それに対して、Production Sharing Contracts（PSC）は海上油田で行われている契約で、IOCが投資のほぼ全額を引き受ける。資源レント（収入－費用）をNNPCとIOCとの間で分ける（NEITI 2014）。

NNPCを介した政治家とIOCの汚職で最も古典的なタイプは未開発油田の開発・採掘権を市場価格よりも低い価格でIOCに売却し、その見返りとして賄賂を受け取るというものである。ジョナサン前大統領の時代、前石油相がRoyal Dutch ShellとAgip-Eniから未開発油田の開発権と引き換えに11億ドルの賄賂を受け取ったとされ、この件は現在も捜査中である[2]。

このような露骨な汚職は近年ではあまり見られなくなった。それは、アメリカのForeign Corrupt Practices Actのように海外での汚職的な商習慣を禁止する法律が先進国で整備されてきており、世界中で汚職に対する厳しい目が向けられるようになってきたからである。それに代わって、汚職形態はより巧妙かつ間接的なものへと変わってきている。石油産業には地質探査、掘削、パイプライン、精製など多数の関連事業が存在するが、NNPCはそれら関連事業を行う企業とIOCとの契約に介入する権限をもっており、IOCに対して現地調達要求（Local Content Requirement）を根拠として、有力政治家とつながりをもつナイジェリア国内の企業との契約を指南することも多い。そのような企業の多くは業務遂行能力のある他企業に業務委託するだけのペーパーカンパニーである（McPherson and MacSearraigh 2007）。この仲介企業に支払われた金が有力政治家への賄賂となる。その結果、IOCの支払うコストは高騰するが、IOCが損失を被ることはない。というのは、NNPCとIOCとの契約では、IOCは資源レント（収入－費用）に応じた石油を差し出さねばならず、費用が高騰し、資源レントが小さくなれば、NNPCに差し出す石油を節約できるからである。被害者はIOCではなく、ナイジェリア国民ということになる。

もう一つ、ナイジェリアで典型的な汚職を紹介しよう。これは、IOCに対して生産量を過少申告させ、キックバックを受け取るやり方である。武装集団にパイプラインをはじめ石油関連施設を襲撃させ、石油を直接抜き取り、盗まれた石油は国際市場で売却され、その収入は有力政治家の手に渡る（Gil-

---

2　*Premium Times*（Sep. 20, 2018）.

lies 2009)。そのような武装集団が取り締まりを受けることはなく、すべてがアレンジされた偽装である。

2012年まではナイジェリアは原油をIOCに輸出し、IOCから精製された石油製品を輸入していた。国内の精製施設の稼働率は故障のため常に50%以下に（意図的に）保たれていた[3]。そのため採掘された原油の20%のみが国内の4施設で精製され、残りの80%はIOCに売却されていた。

アフリカ最大の産油国でありながら石油の輸入国であるという異常事態が長年放置されたのには理由があった。産油国では、一般国民に対する利益還元と称して石油に対して補助金が出されることが多く（Ross 2012)、ナイジェリアでも存在していた。ナイジェリアは石油の輸入国であるため、輸入された石油に補助金が支払われていた。石油を輸入する権利がNNPCだけでなく、他の企業、個人にさえ付与されていた。輸入量を過大申告することで、政府からは多額の補助金が支払われるからくりであった（McPherson and MacSearraigh 2007)。石油補助金制度を悪用するためにも、石油は輸入されなくてはならなかったのだ。支払われた石油補助金は国庫を使い果たした。2011年の1年間にナイジェリア政府が石油補助金につぎ込んだ金額は2兆1900億ナイラ（約1兆950億円）であり、このときの政府の年間予算の40%ほどに達していた（広木 2012)。多くの民衆が反対する中、石油補助金制度は2017年ついに廃止に追い込まれた。

3-3　紛争鉱物――コンゴ民主共和国[4]

コンゴは1960年ベルギーから独立を果たした。モブツ・セセ・セコは1965年第2代大統領に就任すると、それ以来30年以上も独裁者として国を

3　稼働率は3割程度という情報もある（広木 2012)。

4　2017年2月19日から2月26日にわたり、筆者はコンゴおよびルワンダを訪問した。主な訪問先はCTCPM（Cellule Technique de Coordination et de la Planification Minière)、EITI、ITRI（International Tin Research Institute)（以上、コンゴ）およびMinistry of Natural Resources（ルワンダ）である。本節の一部は、訪問先でのインタビューの内容にも依拠している。

牛耳ってきた。モブツ政権下の1994年、隣国のルワンダ共和国（以下、ルワンダ）において大虐殺、ジェノサイドが起こった。多数派のフツ族が少数派のツチ族を大虐殺し、ツチ族を中心に100万人以上が亡くなったと言われている。ところが、反撃に転じたツチ系のルワンダ愛国戦線（RPF）によってフツ政権は倒され政権を失った。これによって虐殺に加担したフツ族の一部が、報復を恐れて隣国であるコンゴに難民として流入して武装化した。これを機に事態は周辺国を巻き込んで第1次・第2次コンゴ戦争に発展していく。そして、ルワンダ解放民主軍（FDLR）をはじめとするフツ系武装組織とコンゴの現カビラ政権との紛争が今でもコンゴの東部で続いている[5]。

一方で、コンゴは非常に鉱物資源が豊富である。コバルトとタンタルは生産量世界第1位、ダイヤモンドと銅は第6位にランクされる（U. S. Geological Survey 2018）。他にも、金、錫、タングステンが豊富に存在する。そのうちタンタル、錫、タングステン、金の産出はコンゴ東部に偏在しており[6]、3TGと称される。

コンゴにおける鉱物の採掘は労働集約度が高く、とくにコンゴ東部で採掘される3TG、中でもG（金）の大部分が職工採掘（artisanal mining）で行われている。正確なデータがあるわけではないが、全人口の14～16%が職工採掘によって生計を立てているとも、職工採掘労働者数は50～200万人とも言われている（World Bank 2008）。コンゴ東部で職工採掘によって採掘された鉱物が武装組織の資金源となっており、紛争を助長していると言われている。そのため、コンゴとその周辺国10か国で採掘される3TGは紛争鉱物と呼ばれている。

コンゴ東部での武装組織は、主として3TGに対する違法な課税を通じて軍資金を獲得している。また、職工採掘労働者から市場価格よりも低い価格で採掘鉱石を買い取り、（それより高い）市場価格で売却するケースもあるという（IPIS 2015）。武装組織が鉱物を市場価格よりも低い価格で買い取るこ

5　コンゴ東部での紛争の経緯を詳しく知りたい読者は、例えば白戸（2012）を見よ。
6　ATLAS de l'Afrique. Les Éditions du Jaguar 2011.

とができる理由は、非常に危険なエリアであるために職工採掘労働者たちも一刻も早く換金したいというインセンティブをもつからであるという。

4　国際的な取り組み：EITIとドッド・フランク法

前節で見たように、サブサハラ・アフリカでは腐敗・汚職と紛争が資源収入をめぐって生じている。その被害者は一般市民であり、市民の多くは貧困レベルの生活を強いられている。それに対して、アフリカから遠く離れて住んでいる我々として一体何ができるのかということが次の問題になる。我々は石油・鉱物資源の消費者であり、そして投資家でもある。消費者あるいは投資家としての立場として、何かできることはないだろうか。

腐敗・汚職の問題ではお金の流れが不透明であり、一方、紛争ではモノ（資源）の流れが不透明であった。したがって、資源採掘に関するお金とモノの流れを明らかにするということが重要な一歩であると期待される。その一つの答えがEITIとドッド・フランク法である。

4－1　EITI

お金の流れに関して透明性を高める仕組みとして、EITI（Extractive Industry Transparency Initiative）がある。このイニシアティブは2002年、当時のイギリスのブレア首相が提唱して立ち上げられたものである。ある国がEITIに参加すると、その国で資源採掘を行う企業は、政府にいくら払ったのかを報告する義務がある。同時に、資源国政府も資源採掘企業からいくら受け取ったかという情報を報告する義務が生じる。そして、受取額と支払額の間に差があった場合、EITIはこれを調停する。つまり、何が原因でこの差が起こっているのかという原因追究と修正がなされ、その結果は市民社会に公開される。さらに、政府は、資源セクターから得た税収やロイヤルティの使い道について情報公開しなければならない（EITI 2011）。こうした情報公開を通じて国民は政府が資源セクターからいくら受け取り、そのお金がどのように使われたかということを知ることができる。このことは国民にお金の使われ方をモニターするきっかけを与え、政府が資源セクターから得られた税金およびロイヤルティを国民のために使わざるを得なくなる。その結果として、当該資源国が「資源の呪い」から脱却することが期待されている。2018年現在、サブサハラ・アフリカ48か国のうち、25か国がEITIに参加しているが、23か国は未参加である[7]。

EITIが腐敗・汚職の撲滅にどれほど貢献したかについての実証研究がいくつか存在するが、一致した見解は存在しない。Corrigan（2014）は、EITIは汚職レベルにほとんど影響を与えなかったと結論付けている一方、Papyrakis *et al.*（2017）は、EITIは汚職に関して有意な改善効果をもっていることを示した。この二つの研究はともにEITIが資源採掘産業での汚職を改善したかどうかを直接検証しておらず、国全体の汚職レベルに与える影響を検証している点で、同産業に特化したさらなる検証が必要であろう。

Kolstad and Wiig（2009）は、EITIのもつ様々な欠点を指摘している。中でも、政府と企業が独立した存在ではないケースがあるという指摘は的を射たものである。ナイジェリアをはじめ、多くの産油国では国有企業が関与しているが、その場合、企業も政府も一体化した組織とみなすことができる。そのような状況で企業と政府に税金の支払額と受取額を表明させたところで、事前のすり合わせは容易であり、不透明な資金の流れを炙り出すことは期待できないであろう。

一方、EITIは、政府の役人が税という名目で民間企業から賄賂を受け取っているようなケースには有効である。コンゴでは2009年まで500以上の税が存在していたが、2014年にEITI遵守国となってからは法律で定められている43種類の税に戻ったという[8]。つまり、税の大半は賄賂であった。EITIの仕組みはこのような比較的小規模の汚職防止には有効である。しかしながら、ナイジェリアの事例で見たような納めるべき税額自体を大きく変えてしまうような大掛かりな汚職の防止にはどれほど有効であるかは疑問が残る。

7　EITIのウェブサイト（https://eiti.org/countries）を参照のこと。

8　これは2017年2月23日にコンゴのEITI事務所を訪問した際に得られた情報である。

また、EITIの参加国が増えるに従って、先進国の資源採掘企業は未参加国での腐敗的な商慣習に応じられなくなり、そこでの資源開発に二の足を踏むようになるだろう。そのことは、はたしてEITI未参加国に対して参加インセンティブを与えるだろうか。事はそう簡単ではなさそうである。近年では中国やインドなどの途上国からも多数の資源採掘企業がアフリカに進出しているが、そうした企業の母国においては汚職防止法など腐敗的な商慣習を禁じる法律がないため、汚職に対する抵抗が低く、腐敗的な政府がもとめる腐敗的な商慣習にも応じやすい（World Bank 2008）。EITIの枠組みを広げ、反汚職キャンペーンを推進することが、腐敗的な企業に競争上有利な条件を提供することにすらなる。とくに中国企業は、中国政府からのバックアップがあるため、汚職からの便益を享受しやすい。コンゴをはじめ様々なアフリカの資源国において中国政府はインフラ投資を積極的に持ちかけており、その見返りに中国企業による同国資源へのアクセスを要求しているという（World Bank 2008）。

4－2　ドッド・フランク法

次に、紛争鉱物の問題解決に関する仕組みを紹介しよう。採掘された鉱物が紛争の資金にならないようにするためには、採掘資源の流れを明らかにしなければならない。つまり、トレーサビィティ（traceability）の向上が必要である。そこで出てきたのが、2012年、オバマ政権のもとで成立したドッド・フランク法（Dodd-Frank Wall Street Reform and Consumer Protection Act）である。これは元々、金融規制の一環としてウォール街の規制を強めることを目的とした法律であったが、その一部に紛争鉱物に関する法律が加えられている。つまり、コンゴ及び周辺国で採掘される鉱物3TGが、人権侵害や紛争の資金源となることで、それらを助長しないように、アメリカ証券市場に上場している企業に対して、当該鉱物を製品中に使用しているかどうかを調査するということを義務付けた。そして、紛争鉱物を使用していれば、それらの原産国を調査することを義務付け、さらに、それがコンゴおよび周辺国産であるとわかった場合には、デューディリジェンス（Due Diligence）を実行して、それらを使わないような注意義務や努力をし、監査を受け、その結果を報告することを義務付けた。

この法律でいう注意義務というのは、鉱物サプライチェーンの管理体制と構築を意味する。具体的には、どこで採掘されて、誰が運んで、どこの製錬所で製錬され、どういう経路を経て自分の手元に届いたかという一連の流れが把握できるようなシステムを作ることである。さらに、そのサプライチェーンに含まれるリスク（紛争鉱物が入り込むリスク）を把握して、紛争鉱物が入り込まないような対策を講じなければならない（OECD 2016）。具体的なデューディリジェンスとしては、例えば、Conflict-Free Sourcing Initiativeなどの認証制度を活用することがある。採掘者は職工採掘者を含めるとほぼ無数に近いほど存在し、それらをすべて捕捉するのは不可能である。しかし、どんな採掘経路をたどったとしても必ず最後は製錬所を経るため、ならば製錬所でおさえようというのが、このイニシアチブのアイデアである。ある製錬所が紛争鉱物を扱っていないということが証明できたとすれば、そこで製錬されたものはコンフリクトフリー、すなわち、紛争鉱物ではないと認定しようというものである。そして、企業として自社製品にコンフリクトフリーと認定された鉱物を使うようにしていれば、デューディリジェンスを実行しているとみなされる。

ドッド・フランク法は、紛争鉱物を使用してはいけないと言っているわけではない。それが要求しているのは、「使用状況と使わない努力と注意をどれだけ払っているのかというのを公表する」ことである。公表の義務があるため、企業は調査結果を株主に公表する。仮に、紛争鉱物を使用していて、かつ使用しない努力も払っていないという結果を公表すれば、意識の高い投資家は離れていくだろう。投資家にそういう行動をとらせるように促すことがこの法律の目的である。結果として、紛争鉱物に関して意識の低い企業の株価は下落して、これが事実上のペナルティとなる。

筆者の知る限り、ドッド・フランク法の有効性を検証した実証研究は存在しない。その効果を推測すべく、OECDの依頼調査でIPISという機関が行った調査を紹介しよう（IPIS 2015）。2009〜2010年と2013〜2014年の二度に分けて、彼らは紛争地域であるコンゴ東部における500〜1100の採掘現場を訪問し、採掘労働者の数・採掘鉱石の種類（3TG）を調査するとともに、職工採掘労働者にいくつかの質問をしている。最初の質問は、武装組織が採掘現場に来るかどうかであり、「来る」と答えた現場では、続いて武装組織名とその関与形態について質問している。その調査結果によると、職工採掘労働者の数が3TからG（金）にシフトしていることがわかった（IPIS 2015）。武装組織と職工採掘というのは密接な関係があるため（第3節を参照のこと）、このことは武装組織のターゲットである紛争鉱物も3TからGにシフトしていることを意味する。同調査結果では、その一つの原因は国際的にみられた2012年から13年にかけての3Tの需要減退ではないかと指摘している。もう一つは、3Tで進行しているOECDデューディリジェンスが浸透して、その影響が出ているのではないかという見方である。これが本当だとすると、3Tに関してはコンフリクトフリーな鉱物が増加しているとも言える。また、どういう武装組織が関与したかということに関して、同調査結果によれば、非政府系の武装組織（例えば、ルワンダ解放民主軍（FDLR））の活動レベルが非常に弱まっている。その代わりに紛争鉱物は、コンゴ国軍（FARDC）等の政府系の武装組織の資金源になっていることもわかった。これが、紛争解決になっているのかは評価の分かれるところだが、少なくとも反政府系の武装組織には回らなくなってきている。

最後に、この制度が抱える課題について述べておきたい。この制度の問題は、法令遵守の意識が低いプレーヤーを利する可能性があることである。ドッド・フランク法はコンフリクトフリーな鉱物の使用努力をもとめているが、それを支えているのが、Conflict-Free Sourcing Initiativeなどの認証制度である。この制度の下では、鉱物は紛争鉱物とコンフリクトフリーな鉱物に識別され、それぞれに固有の価格がつくことになる。経済学的には、このような認証制度が有効に機能するケースでは、二種類の鉱物価格に差が生じることが知られている（Mattoo and Singh 1994）。この場合、コンフリクトフリーな鉱物にはプレミアム価格がつく。ところが、このことは法令遵守意識の低いプレーヤーが紛争鉱物を低い価格で購入できることを意味する。また、それをロンダリングしてコンフリクトフリーな鉱物としてプレミアム価格で売却するかもしれない。偽装をいかに防止するかがこの制度の鍵となる。

5　おわりに

資源収入という棚から落ちてきた餅を分配する過程で、汚職や紛争が生じる。その結果、経済の資源配分が歪められ、経済にマイナスの影響をもたらすことが、資源の呪いの正体である。資源収入の使い方を間違えなければ、資源そのものは経済にとってプラスに作用するというのがこれまでの研究の一致した見方である。

資源は莫大な収入をもたらすために、企業、政治家、一般市民の誰もがその恩恵を受けたいと願い、戦略的な思考をめぐらす。しかも、資源は偏在していることが多いため、貿易・投資の対象となり、外国の企業が採掘するケースもかなり多い。このように、関係者が広範囲に及ぶ状況では制度設計は一般に困難であるが、この状況を逆に利用することもできる。EITI もドッド・フランク法も資源国の汚職・紛争問題の責任の一部を資源セクターや製造業セクターにおける外国企業に負わせている。このアイデアを拡張して、例えば汚職や紛争に加担した企業の投資家にもペナルティを科すとすれば、さらなるレバレッジ効果が期待できるのではないだろうか。

参考文献

Ahmadov, A. K.（2014）“Oil, Democracy, and Context: A meta-analysis,” *Comparative Political Studies*, vol. 47, pp. 1211–1237.

Aslaksen, S. and R. Torvik（2006）“A Theory of Civil Conflict and Democracy in Rentier States,” *Scandinavian Journal of Economics*, vol. 108, pp. 571–585.

Aslaksen, S.（2010）“Oil as Sand in Democratic Machine,” *Journal of Peace Research*, vol. 47, pp. 421–431.

ATLAS de l’Afrique. Les Éditions du Jaguar 2011.

Besley, T., and T. Persson（2011）"The Logic of Political Violence," *Quarterly Journal of Economics*, vol. 126, pp. 1411–1445.

Bueno de Mesquita, B., A. Smith, R. M. Siverson, and J. D. Morrow（2003）*The Logic of Political Survival*, MIT Press.

Bulte, E., R. Damania, and R. T. Deacon（2005）"Resource Intensity, Institutions, and Development," *World Development*, vol. 33, pp. 1029–1044.

Collier, P., A. Hoeffler, and D. Rohner（2009）"Beyond Greed and Grievance: Feasibility and civil war," *Oxford Economic Papers*, vol. 61, pp. 1–27.

Corden, W. M. and J. P. Neary（1982）"Booming Sector and De-industrialisation in a Small Open Economy," *Economic Journal*, vol. 92, pp. 825–848.

Corrigan, C. C.（2014）"Breaking the Resource Curse: Transparency in the natural resource sector and the extractive industries transparency initiative," *Resources Policy*, vol. 40, pp. 17–30.

Deacon, R. T.（2009）"Public Good Provision under Dictatorship and Democracy," *Public Choice*, vol. 139, pp. 241–262.

EITI（2011）*EITI Rules, 2011 Edition, Including the Validation Guide*, Extractive Industries Transparency Initiative.

Fearron, J. D.（2004）"Why Do Some Civil Wars Last So Much Longer than Others?," *Journal of Peace Research*, vol. 41, pp. 275–303.

Gillies, A.（2009）"Reforming Corruption Out of Nigerian Oil? Part One: Mapping corruption risks in oil sector governance," *U4 Brief*, February 2009–no. 2.
https://www.cmi.no/publications/file/3295-reforming-corruption-out-of-nigerian-oil-part-one.pdf（最終アクセス：2018.12.5）

Hodler, R.（2006）"The Curse of Natural Resources in Fractionalized Countries," *European Economic Review*, vol. 50, pp. 1367–1386.

IPIS（2015）Mineral Supply Chains and Conflict Links in Eastern Democratic Republic of Congo: Five years implementing supply due diligence.
http://mneguidelines.oecd.org/Mineral-Supply-Chains-DRC-Due-Diligence-Report.pdf（最終アクセス：2018.12.5）

Isham, J., M. Woolcock, L. Pritchett, and G. Busby（2005）"The Varieties of the Rentier Experience: How natural resource export structures affect the political economy of growth," *World Bank Economic Review*, vol. 19, pp. 141–174.

Kolstad, I. and A. Wiig（2009）"Is Transparency the Key to Reducing Corruption in Resource-rich Countries?," *World Development*, vol. 37, pp. 521–532.

Mattoo, A. and H. V. Singh（1994）“Eco-Labelling: Policy Considerations,” *Kyklos*, vol. 47, pp. 53–65.

McPherson, C. and S. MacSearraigh（2007）Corruption in the petroleum sector. In J. E. Campos and S. Pradhan（eds.）, *The Many Faces of Corruption: Tracking vulnerabilities at the sector level*. Washington, DC: World Bank, pp. 191–220.

Mehlum, H., K. Moene, and R. Torvik（2006）“Institutions and the Resource Curse,” *Economic Journal*, vol. 116, pp. 1–20.

OECD（2016）OECD Due Diligence Guidance for Responsible Supply Chains of Minerals from Conflict-Affected and High-Risk Areas: Third Edition, OECD Publishing. http://dx.doi.org/10.1787/9789264252479-en（最終アクセス：2018.12.5）

NEITI（2014）2014 Oil & Gas Audit Report, Nigeria Extractive Industries Transparency Initiative.
http://www.neiti.gov.ng/index.php/media-center/our-blog/item/343-nigeria-committed-to-eiti（最終アクセス：2018.12.5）

Papyrakis, E., M. Rieger, and E. Gilberthorpe（2017）“Corruption and the Extractive Industries Transparency Initiative,” *Journal of Development Studies*, vol. 53, pp. 295–309.

Robinson, J. A., R. Torvik, and T. Verdier（2006）“Political Foundations of the Resource Curse,” *Journal of Development Economics*, vol. 79, pp. 447–468.

Ross, M. L.（2006）“A Closer Look at Oil, Diamonds, and Civil War,” *Annual Review of Political Science*, vol. 9, pp. 265–300.

――――（2012）*The Oil Curse: How petroleum wealth shapes the development of nations*, Princeton: Princeton University Press.

Sachs, J. D. and A. M. Warner（1995）“Natural Resource Abundance and Economic Growth,” NBER Working Paper No. 5398.

Smith, A.（2008）“The Perils of Unearned Income,” *Journal of Politics*, vol. 70, pp. 780–793.

Tornell, A. and P. R. Lane（1998）“Are Windfalls a Curse?: A non-representative agent model of the current account,” *Journal of International Economics*, vol. 44, pp. 83–112.

――――（1999）“The voracity effect,” *American Economic Review*, vol. 89, pp. 22–46.

Torvik, R.（2002）“Natural Resources, Rent Seeking and Welfare,” *Journal of Development Economics*, vol. 67, pp. 455–470.

Transparency International（2014）Corruption Perceptions Index 2014.
https://www.transparency.org/cpi2014/results（最終アクセス：2018.12.5）

Tsui, K. K.（2010）“Resource Curse, Political Entry, and Deadweight Costs,” *Economics and Politics*, vol. 22, pp. 471–497.

――――（2011）“More Oil, Less Democracy?: Evidence from worldwide crude oil discoveries,” *Economic Journal*, vol. 121, pp. 89–115.

U. S. Geological Survey（2018）*Mineral Commodity Summaries 2018*, U. S. Geological Survey.

van der Ploeg, F., and D. Rohner（2012）“War and Natural Resource Exploitation,” *European Economic Review*, vol. 56, pp. 1714–1729.

World Bank（2008）Democratic Republic of Congo Growth with Governance In the Mining Sector, Report No. 43402-ZR.
https://siteresources.worldbank.org/INTOGMC/Resources/336099-1156955107170/drcgrowthgovernanceenglish.pdf（最終アクセス：2018.12.5）

――――*World Development Indicators*, World Bank.

Wright, J., E. Frantz, and B. Geddes（2015）“Oil and Autocratic Regime Survival,” *British Journal of Political Science*, vol. 45, pp. 287–306.

白戸圭一（2012）『ルポ　資源大陸アフリカ――暴力が結ぶ貧困と繁栄』朝日文庫.

広木拓（2012）「ナイジェリア『石油産業法案』が財政再建の鍵に」『ジェトロセンサー』2012年12月号，pp. 74–75.

第8章

国際資源循環の経済学

山本 雅資*

1 はじめに

貿易は一般に輸出国、輸入国の双方の経済厚生に良い影響をもたらすことから、世界の国々は貿易の規模を拡大し続けてきた。これは廃棄物についても例外ではない。Kellenberg（2012）によれば、世界経済は2008年から2012年の間に約10億トンの廃棄物の貿易を行っている。地上で最も大きな生物はアフリカゾウであり、平均で約7トンの重さ、7.5メートルほどの体長である。世界で取引された廃棄物をこのアフリカゾウに置き換えると、この5年間に約1.5億頭のアフリカゾウに相当する廃棄物が国境を超えて取引されたことになる。このアフリカゾウを横に並べると地球を27周するほどの長さになる。

使用済みの家電製品などが輸出により製品寿命を伸ばし継続利用されることは、経済厚生だけでなく資源保全の観点からみても望ましいことである。一方で、中古品として輸出されていながら、使用不可能な状態であるため、相手国からシップバックされた例もある。中古品として輸出される場合には、バーゼル条約（後述）の輸出手続きが簡素化されるためである。主な輸出先は中国であるが、労働集約的な作業による不適正なリサイクルは、深刻な健

* 本研究の一部は独立行政法人環境再生保全機構の環境研究総合推進費（3-1801）により実施された。

康被害を引き起こしていると言われており[1]、廃棄物を中古品と偽る「汚染輸出」は水際で防いでいかなければならない。

こうした「汚染輸出」はアジアに限ったことではない。2003年から廃棄物の不正な海上輸送を監視しているEuropean Union Network for the Implementation and Enforcement of Environmental Law（IMPEL）によれば、2014年にEU域内で確認された不正な輸出の70％がEU域内が仕向地となっていた。廃棄物の中身をみると、混合家庭ゴミが最も多く全体の約20％を占めている。その他には古紙や廃プラスチックなどがそれぞれ約10％程度とみられた。

国際貿易はHSコードと呼ばれる標準化されたコードで分類されているが、国連環境計画（UNEP 2017）によれば、こうした不正に頻繁に使われるHSコードとしてHS7204およびHS3915が挙げられるという。HS7204は鉄鋼くずなどに対応するコードで、使用済みバッテリーなどが混合している例がみられる。多くの場合、鉛などの重金属を含んでいるため人体への影響が懸念される。また、HS3915は廃プラスチックのコードであるが、家庭ゴミと廃プラスチックの混合ゴミが隠されていることがあるという。本来リサイクル目的として輸入されているものが、実際にはリサイクルが困難である場合には仕向地で不適正処理される可能性が高く、深刻な環境汚染につながりかねない。

このように、国際資源循環の問題は潜在的に大きなインパクトをもたらす可能性があるにもかかわらず、これまで経済学の既存研究において使用済み製品や廃棄物の貿易を正面から扱った論文は決して多くないのが現状である。そこで本章では理論、実証の両面から国際資源循環についての既存研究の到達点を整理するとともに残された課題を明らかにすることをその目的とする。

1　米国の環境NGOであるBasel Action Networkが2002年に公表した報告書（*Exporting Harm*）が貴嶼（グイユ）の事例を紹介し、国際的に報道され話題となった。その他の地域や事例については、Hosoda（2007）、Yoshida and Terazono（2010）、Yamamoto and Hosoda（2016）などを参照されたい。

2　国際資源循環の理論分析

国際資源循環の問題を経済学の視点で理論的に扱った論文は、大きく二つの流れに分類できる。一つめは、Antweiler *et al.*（2001）に代表される（特に先進国と途上国の間で）貿易の自由化が環境負荷に与える影響あるいは経済厚生全体に与える影響を分析したものである。二つめは、貿易がEPR（後述）あるいは環境に優しい設計に与える影響を分析したものである。

前者のほとんどは廃棄物の問題を中心に据えていない中で、廃棄物の国際貿易に主要な焦点をあてた理論分析の嚆矢としては、Copeland（1991）が挙げられる。この論文では、小国の仮定（small open economy）のもとで、労働と資本が非弾力的に二つの生産部門に投入される経済をベースに分析を行っている。不法投棄が存在しないような世界では貿易面では障壁を設けず、自由貿易を推進し、国内の廃棄物処理部門に税を課すことで最適な経済を達成できる。しかしながら、課税の結果として、廃棄物処理部門が不法投棄を行うような現実的な想定のもとでは、（自由貿易ではなく）廃棄物の貿易に課税することで経済厚生を高める場合があることを示している（セカンドベスト）。

経済学の既存研究においてはCopeland（1991）に続いて多くの第一の流れの論文が報告されているが必ずしも廃棄物に注目しているわけではない。そこで、以下では、Bernard（2015）を中心に第二の流れに沿った研究を紹介したい。前節で述べたように、廃棄物貿易における大きな特徴の一つは、価値の低いものを価値の高いものに混ぜて、「汚染輸出」を行うインセンティブがあることである。Bernard（2015）は、この点に力点を置いた貴重な文献であることから以下でやや詳しく解説する。

廃棄物・リサイクル政策に拡大生産者責任（Extended Producer Responsibility: EPR）という概念がある[2]。これは、生産者は製品が使用済みになった後も

2　EPRの詳細は、次のウェブページを参照されたい（https://pub.iges.or.jp/pub/epr-guidance）。

リサイクルあるいは適正処理されることを保証する責任が一定程度あるという考え方で、OECD 諸国を中心として広く普及しつつある。我が国においても、例えば家電リサイクル法は EPR の考え方に基づいて、使用済み家電は最終的にメーカーのもとに戻ってくる仕組みになっている。そのため、家電メーカーは使用済み製品のリサイクルを行う際に自身のコストが少しでも低くなるように新製品のデザインを変更するインセンティブを持つ。これを、環境配慮設計（Design for Environment: DfE）と呼んでいる。実際にこうしたインセンティブが機能して、解体のしやすい製品・リサイクルしやすい製品が登場している。

Bernard（2015）は EPR と国際貿易の関係を分析した論文である。モデル設定は以下の通りである。まず、先進国の企業が生産し、自国で消費する新製品を x_N とし、以下の逆需要関数を想定する。

$$p_N = \beta - x_N \tag{1}$$

ここで、β は先進国の市場規模を表すものとし、十分に大きいことを仮定する。

生産者は、回収の規模の経済性を確保するために、生産者責任組織（Producer Responsibility Organizations: PRO）に必ず属しているものとする[3]。ドイツが容器包装リサイクル制度を導入した際にできた DSD（Duales System Deutschland）は典型的な PRO の例である。PRO が回収した使用済み製品の一部は途上国に輸出されるが、一部は国内でコスト（$=d_N$）をかけて処分されるものとする。

途上国は、競争的な国際リユース市場で使用済み製品を入手し、途上国内で価格 p_S で販売する（$=x_S$）。途上国も EPR 制度を整備しており、処理に d_S のコストがかかるものとする。ただし、先進国ほどは厳しい基準を設けていないものとし、$D \equiv d_N - d_S > 0$ と定義する。

3　PRO は利益を出さない非営利主体であるが、究極的には企業の所有であるため、企業の利潤最大化のために行動する。PRO のあり方が EPR に与える影響については、Fleckinger and Glachant（2010）が分析を行っている。

先進国の製品（$=x_N$）のうち、実際にリユースあるいはリサイクルできる割合を q とする。廃棄物輸出について水際でのモニタリングがない（あるいは不完全である）場合は、輸出量（$=w$）のうちリサイクル可能な量の割合は q を下回る可能性がある。ρ をリユース・リサイクルできないものが混合している割合とすると、

$$\rho \equiv \frac{q}{q+(1-q)\sigma} \tag{2}$$

という輸出された使用済み製品についてリサイクル可能物の「純度」の指標が定義できる。ただし、$\sigma \in (0,1)$ は国際的なモニタリングの水準を示す変数で、$\sigma=0$ のとき完全モニタリングの状態にあり、p と ρ は一致する。

上記の設定のもとで、三段階の意思決定を想定する。第一段階として、先進国の企業は完全競争のもとでリサイクル可能割合 q と生産量 x_N を決定する。第二段階では、独占的に使用済み製品を回収している PRO によって、輸出量 w が決定される。国際リユース市場では PRO がリーダーであり、途上国の企業にとって価格は所与である。最後に第三段階で途上国の企業が生産量 x_S を決定する。

先進国（$=\pi_N$）および途上国（$=\pi_S$）の利潤最大化問題は以下のように定義できる。

$$\max_{xN,\,q} \pi_N = p_N x_N - c_N(q)x_N - \underbrace{((x_N - w)d_N - p_w w)}_{\text{純処理費用}} \tag{3}$$

$$\text{s.t.} \quad w \leq (q+(1-q)\sigma)x_N \tag{4}$$

ただし、$c_N(q)$ は DfE のコスト、すなわち、q を高める費用を意味する。

$$\max \pi_S = p_S x_s - c_S(x_s;\rho) - (p_w + d_S)w \tag{5}$$

$$\text{s.t.} \quad x_s \leq \rho w \tag{6}$$

ここで、$c_S(x_S;\rho)$ は途上国の生産費用で、国際リユース市場で調達したインプットの「純度」が高いほど費用が小さくなる。以下では、この費用を以下のように特定化する。

$$c_S(x_S;\rho)=\frac{x_S^2}{2\rho} \tag{7}$$

この一連の問題をバックワードに解いていくことで市場均衡解を求めることができる。はじめに、（5）式に（7）式を代入して、一階の条件を求めると、

$$p_w=p_s\rho-w\rho-d_S \tag{8}$$

を得る。これは使用済み製品輸入の逆需要関数である。次に第二段階ではPROは、（3）式の純処理費用を最小化する以下の問題を解く。

$$\min_{w}=x_Nd_N-((p_S\rho-w\rho)w+Dw) \tag{9}$$

内点解を仮定して、これを解くと、以下を得る。

$$w^*=\frac{p_S\rho^*+D}{2\rho^*} \tag{10}$$

なお、Dは先進国と途上国のEPRの強さを比較したものと解釈することができるので、(10) 式は、実証分析の節で解説する「汚染逃避地仮説」のロジックを示したものと解釈できる。

これを元の純処理費用の式に代入して、（3）式を整理して書き直せば、第一段階の目的関数は

$$\max_{xN,\,q}\pi_N=p_Nx_N-c_N(q)x_N-x_Nd_N+\rho w^{*2} \tag{11}$$

となる。最後に上記の問題を解くことで均衡解を得ることができるが、均衡におけるqの決定について、Bernard (2015) は以下の二つのシナリオを想定している。

1．PROをプラットフォームとして、責任企業が共謀するケース（non-cooperation）
2．各責任企業が非協力的に行動するケース（collusion）

collusionのケースでは、独占的な国際リユース市場への供給者である

PRO が ρ を決めるため、個別企業にとって、ρ は所与となることに注意する。これを解くと、

$$\frac{\partial \pi_N}{\partial \mathrm{x}_N}=0 \rightarrow x_N^*=\beta-c_N(q^*)-d_N \tag{12}$$

および

$$\frac{\partial \pi_N}{\partial q}=\begin{cases} -c_N'(q^{nc})x_N^*=0 \rightarrow q^{nc}=q^0 & \text{non-cooperation} \\ -c'(q^c)x_N^*+\dfrac{\sigma}{4q^{c2}}((p_S\rho^*)^2-D^2) & \text{collusion} \end{cases} \tag{13}$$

を得る[4]。ここで、q^0 は国際リユース市場が成立する最低限の水準を示している。よって、$q^{nc}=q^0$ は内点解を仮定した際の最も小さな q であることがわかる。

結果 1　PRO をプラットフォームとして企業が共謀する場合の方が、個々の企業が競争する場合よりも、DfE の水準が高くなる（$q^{nc} \le q^c$）。

次に、リユース・リサイクルできるとして輸出した使用済み製品のうち、実際にはリユース・リサイクルできないもののシェアを不正な輸出

$$\mathrm{I} \equiv (1-\rho^*)w^* \tag{14}$$

と定義する。結果 1 より、共謀の場合は q が大きくなるので、（2）式より ρ^*も大きくなる。このとき、(12) 式より、先進国の生産水準も小さくなるため、w も小さくなる。このとき、(14) 式は競争の場合に比べて必ず小さくなる。

結果 2　PRO をプラットフォームとして企業が共謀する場合の方が、個々の企業が競争する場合よりも、不適正な輸出が減少する（$I^{nc} \le I^c$）。

さらに、i 国の汚染を $z(d_i)$ とすると両国の汚染の合計（$=Z_{world}$）は以下のように表すことができる。

$$Z_{world}=z(d_N)(x_N^*-w^*)+z(d_S)w^* \tag{15}$$

4　添字の nc や c はそれぞれ non-cooperation および collusion を意味している。

結果3　PROをプラットフォームとして企業が共謀する場合の方が、個々の企業が競争する場合よりも、両国合計の汚染は減少する。先進国の汚染が減少するかどうかはわからないが、途上国は不適正輸出の減少により汚染が減少する。

最後に、先進国において適正処理費用が増加した場合とモニタリング費用が増加した場合にどのような影響があるかを考える。既に述べたようにEPRの優れた点は、生産者に廃棄物処理の費用を内部化することができる点である。EPR政策の強化により、より厳しい廃棄物規制が実施された場合に均衡はどのように変化するであろうか。

$D = d_N - d_S$であることに注意して、共謀のケースについて（13）式をd_Nでさらに微分すると以下を得る。

$$\frac{\partial^2 \pi_N}{\partial q \partial d_N} = c'(q^c) - \frac{\sigma D}{2{q^c}^2} \tag{16}$$

これは均衡においてd_Nの変化に対してq^cがどのように変化するかを表したものである。これを整理すると、

$$\frac{dq^c}{dd_N} \gtreqless 0 \Leftrightarrow 2q^{c2} c_N'(q^x) \gtreqless \sigma D \tag{17}$$

以上より以下が言える。

結果4　先進国における廃棄物処理費用の増加の環境配慮設計への影響は、国際的なモニタリングの水準と両国間の廃棄物処理費用の差によって決定される。そのため、両国間のEPRの水準に大きな差があると、さらなる自国内の規制強化は環境配慮設計の水準の低下につながる。

（17）式より明らかなように、もし、両国間の廃棄物処理費用に差がなければ（$=D=0$）、

$$\frac{dq^c}{dd_N} > 0 \tag{18}$$

となる。一方でDが十分に大きい場合は他の条件によらず、右辺が大きく

なってしまう可能性がでてくるのである。

また、(13) 式において、$\sigma=0$ の場合、すなわちモニタリングが完全に可能であるケースを考えてみると、$q^c=q^0$ となってしまうことがわかる。ρ の定義から明らかなように、(2) 式において $(1-q)\sigma$ の値が非常に小さい場合、q を変化させたとして ρ に対してインパクトを持つことはできないのである。

Bernard (2015) は、先進国だけが使用済み製品を供給し、途上国はそれをインプットにリユース・リサイクルを行うという経済活動を想定している。もちろん、実際の経済活動には様々な形態がみられる。Sugeta and Shinkuma (2012) は異質な企業を想定しつつも両国が同様のリサイクル機能を持つケースを分析している。また、Dato (2017) は e-waste に焦点をあてて、リサイクルできない e-waste も合わせて考えるべきであるということを主張している。Kinnaman and Yokoo (2011) も e-waste の望ましいリユースについて、新たな政策手段を提示している。これらの側面に興味がある場合は原典を参照されたい。

3　国際資源循環の実証分析

廃棄物の国際貿易について包括的なレビューを行っている Kellenberg (2015)[5] によると、有害廃棄物の国際貿易について、実証分析の観点から初めて分析した論文は Baggs (2009) である。この論文は世界銀行のチーフエコノミストをつとめたローレンス・サマーズ (Lawrence Summers) の以下の有名な引用からはじまっている[6]。

I think the economic logic behind dumping a load of toxic waste in the lowest wage country is impeccable and we should face up to that ... I've always thought

5　有害廃棄物の越境移動について、社会学や人文地理学の視点からレビューを行っている論文に、Gregson and Chang (2015) がある。

6　1992年2月8日の *The Economist* に再掲されている。

that underpopulated countries Africa are vastly underpolluted.

不適正処理を行うことは決して正当化されないが、1970年代中頃から発展途上国に有害廃棄物が不正に輸出される事件が相次いだ。これをうけて、UNEPは1989年に有害廃棄物の越境移動を管理するバーゼル条約を採択した（1992年発効)。一連の有害廃棄物の不正な越境移動の事件は、環境規制（廃棄物処理に関する規制）が厳しい国から厳しくない国への移動、いわゆる「汚染逃避地仮説[7]（Pollution Haven Hypothesis)」と考えられていた。そのため、Baggs（2009）の主要な論点は、この「汚染逃避地仮説」が有害廃棄物において成立しているかどうかを検定することであった。

Baggs（2009）の実証分析について述べる前に、推定に使用した取引データの記述統計から興味深い特徴がみられることを指摘したい。使用しているデータは、バーゼル条約が加盟国に対して自発的な報告を求めている有害廃棄物の越境移動に関する179ヵ国の取引データである。表8-1はこのデータの記述統計である。これをみると輸入国と輸出国のGDPを比較すると、輸入国のGDPの方が高くなっていることがわかる。この傾向は一人当たりGDPにおいても同様であり、GDPの大きな国がより有害廃棄物を輸入する傾向があるとも捉えることができる。これはバーゼル条約が制定される原因となった発展途上国への不適正な輸出の事件と相反する状況である。

表8-1　有害廃棄物の越境移動を行った輸出国・輸入国の特徴

	輸入国		輸出国	
	平均	メディアン	平均	メディアン
GDP（US10億ドル）	1,095	559	878	254
一人当たりGDP（USドル）	21,411	24,473	20,387	22,744
人口密度（キロ平米）	193	189	211	107
識字率	97%	99%	95%	99%
都市部の人口	78%	77%	73%	76%

出所：Baggs（2009）Tabel 1（P. 4）

7　汚染逃避地仮説については、Levinson（2008）を参照されたい。

ただし、表8-1はあくまでも記述統計であるから、単純に集計された情報であることに注意が必要である。このようなデータの特徴を念頭に置いて、以下では実証分析について概説する。具体的には、Helpman *et al.*（2008）が一般化したグラビティモデルの二段階推定を行っている。これは、179ヵ国の取引データでは貿易がゼロとなるリンクが多数あり、サンプルセレクションの問題に対処する必要があるためである。まず第一段階において、輸出国 j から i への輸出確率を以下のプロビットモデルで推定する。

$$p_{ijt} = \Pr(T_{ijt} = 1) = \Phi(\alpha^* + \xi^*_{jt} + \xi^*_{it} - \gamma^* d_{ij} - \kappa^* \phi_{ijt}) \tag{19}$$

ここで、T_{ijt} は t 年に j 国から i 国に有害廃棄物が輸出された場合に1を、それ以外は0をとるダミー変数である。Φ は標準正規分布関数、$\xi^*_{jt}(\xi^*_{it})$ は、輸出国（輸入国）に固有の変数ベクトル（GDPなど）、d_{ij} は二国間の距離、ϕ_{ijt} は ij 間の輸送コスト、をそれぞれ表している。

次に第二段階として、以下を推定する。

$$m_{ijt} = \beta + \lambda_{jt} + \chi_{it} + \gamma d_{ij} + w_{ijt} + \eta_{ijt} + e_{ijt} \tag{20}$$

ここで、m_{ijt} は時点 t における j 国から i 国への有害廃棄物の総輸出、β は定数、$\lambda_{jt}(chi_{it})$ は輸出国（輸入国）に固有の変数、η_{ijt} は逆ミルズ比である。また、w_{ijt} は j 国から i 国に有害廃棄物の輸出を行っている企業のシェアであり、(19) 式を使って、以下のように定義される。

$$w_{ijt} = \ln[\exp[\delta(\Phi^{-1}(\hat{p}_{ijt}) + \eta_{ijt}] - 1] \tag{21}$$

よって、(20) 式は δ について非線形となるので、最尤推定法によって推定を行う。

Baggs（2009）の推定結果（Table 4, p. 9）では、輸入国の一人当たりGDPの係数が負で有意となっている[8]。この論文では直接的に環境規制の強弱を変数として加えてない。しかし、環境質を（実質所得が増加した際に消費量も増

8　なお、輸出国の一人当たりGDPの係数は有意になっていない。

加する）上級財と考えれば、所得の高い国はより環境規制が厳しいはずであるとの考えから、輸入国の一人当たりGDPが上昇すると有害廃棄物の輸入量が減少する傾向にあるという結果は、汚染逃避地仮説を裏付けるものであると主張している。

さらには、輸入国の資本労働比率（capital per labor ratio）の係数をみてみると、正で有意となっている。これは、資本集約的な国ほど有害廃棄物を輸入する傾向にあるということを意味しており、Antweiler *et al.*（2001）らの結果と整合的である。Baggs（2009）によれば、注目すべきはその係数の大きさであり、資本労働比率が1％増加すると有害廃棄物の輸入が2.1％増加するという結果になっている[9]。

世界銀行が1960年－2003年の世界の資本労働比率と一人当たりGDPを比較したところ、資本労働比率の方が早く成長する傾向にあるという。Baggs（2009）は以上の推定結果から、汚染逃避地仮説は確認されたものの、資本の成長の早さと資本労働比率の係数の大きさから考えると、相対的な資本増加が汚染逃避地仮説の効果を打ち消しているではないかと結論づけている。これは、表8－1において、輸入国の方が一人当たり所得が大きいという結果とも整合的である。

Baggs（2009）と類似の分析を異なるデータセットで行ったのが、Kellenberg（2012）である。最も重要な違いは、バーゼル条約の自己申告データではなく、各国の貿易統計を国連が集計したデータセットであるUN-Comtrade[10]を用いている点である。これは廃棄物以外の貿易も含むため、HSコードの解説に基づいて、HSコード6桁で62のHSコードを廃棄物と定義して92ヵ国の貿易データを集計して利用している。

もう一つ異なる点は、環境規制の強弱について、Global Competitive Reportと呼ばれるサーベイデータ集から環境規制の強さに関する変数を取り出して利用している点である。これは5から35の間の大きさをとる変数であるが、

9　第二段階の推定では両辺の対数をとっている。

10　https://comtrade.un.org/

最も環境規制が強いドイツが35で最下位がグアテマラとパラグアイの11.5となっている[11]。Baggs（2009）では、一人当たりGDPで環境規制の強弱を測っていたが、本モデルではより直接的に影響を推定することができる。

では、汚染逃避地仮説にあるように、環境規制の強さと廃棄物貿易には明確な関係があるだろうか。図８－１は世界の廃棄物貿易の上位10ヵ国について、その輸出量（輸入量）と環境規制をプロットしたものである。これをみると、シェア１位の中国[12]を除いた輸入については右下がりに近い関係、すなわち、環境規制の弱い国で輸入が多い傾向がみてとれる。しかし、輸出についてはほぼ傾向がないと言え、豊富なデータに基づいた実証分析の結果を確認する必要がある。

Kellenberg（2012）は、Baggs（2009）同様にグラビティモデルを用いて実証分析を行っている。ただし、主として用いているのは、ポワソン疑似最尤推定法（Poisson pseudo-maximum likelihood estimator: PPML）である点が異なっているが、PPMLもHelpman *et al.*（2008）と同様に廃棄物貿易が二国間でゼロとなるペアが多数存在することに対処するための方法論である。

環境規制に対する推定結果をみると、有意で正の係数となっている。具体的には1％環境規制が強くなると、廃棄物の輸出が0.22％増加するという結果になっている。これは明確な汚染逃避地仮説のサポートであると言える。いくつかの異なるモデルで頑健性も確認されており、Kellenberg（2012）は、環境規制の強さが廃棄物貿易のフローを決定づける大きな要因であると主張している。

最後に、バーゼル条約の効果について分析した論文であるKellenberg and Levinson（2014）を紹介する。バーゼル条約も気候変動問題のパリ協定や生物多様性のカルタヘナ議定書のように、国際環境条約（International Environmental Agreement: IEA）の一つである。これまでのIEAに関する研究の中でその役割は限定的であるという研究が多く報告されている。Kellenberg and

---

11　具体的には、大気汚染規制、水質規制、有害廃棄物規制、ケミカル廃棄物規制、規制実効性の五つの指標について、１から７の段階で評価した合計値となっている。

12　世界全体の約20％の廃棄物を輸入している。

図 8－1　世界の廃棄物貿易上位 10 ヵ国と環境規制の強さ（2004 年）

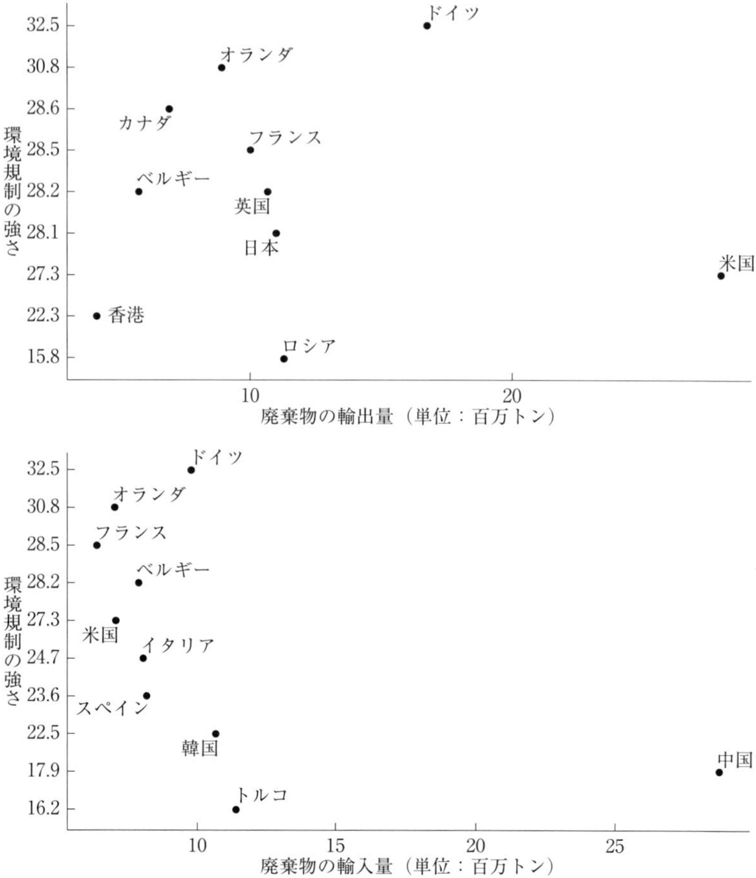

出所：Kellenberg（2012）の Table 1 をもとに筆者作成

Levinson（2014）はバーゼル条約の加盟国について、西暦ではなく、加盟した年をゼロ年としてその前後の廃棄物貿易の変化についてグラビティモデルを使って分析を行った。

その結果、他の IEA と同様にバーゼル条約への参加は特に効果を生んでいないことを明らかにした。廃棄物貿易の規模の変化にも輸出先の変化にも有意な変化はみられず、バーゼル条約に加わった国は仮に条約がなかったとしても同様の行動をしたと想定されるのである。さらには気候変動と異なり、本質的にグローバルな問題ではないため、各国が実効性のある廃棄物政策を正しくデザインすれば、潜在的にはバーゼル条約のような IEA に頼らなくても解決可能であると結んでいる[13]。

4　結びに代えて

前節までアカデミックな研究成果を概観してきたが、以下では現実の政策に目を向けたい。持続可能な経済発展を推進する政策を考える上で「持続可能な開発目標」（Sustainable Development Goals: SDGs）はもはや欠かすことのできない指標となった。国際資源循環の観点からは UNEP が 2016 年 5 月に富山市で開催された G7 環境大臣会合において「資源効率性：機会と経済的影

図 8－2　経済成長と資源利用のデカプリング

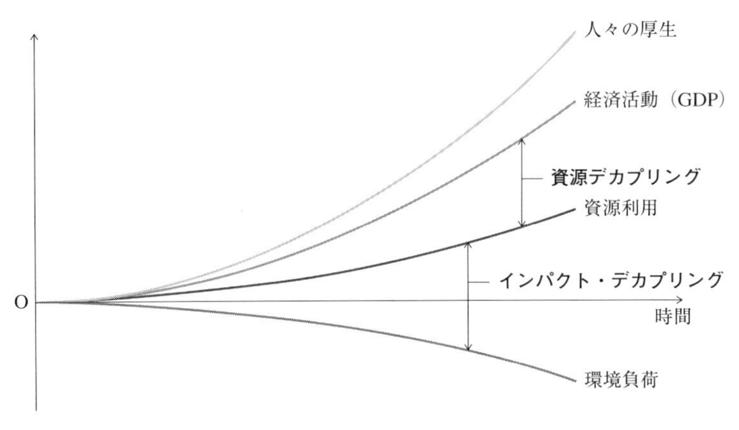

出所：UNEP-IRP（2016）.

13　ただし、IEA が不要であるという主張について、理論的、実証的な分析が論文の中でなされているわけではないため、さらなる吟味が必要である。

響――政策決定者向け要約」を発表した。この報告書では、資源効率性を高めていくことは、SDGsの達成に不可欠であることが強調されている。同時に報告書では、今後、資源採取は2015年の2倍、食料需要は60-80%増加するとしている。新興国における人口増加と経済成長を両立するためには、資源利用と経済成長のデカプリングを推進することが不可欠である。

図8-2は二つのデカプリングの概念をまとめたものである。我々は子の世代、孫の世代と人々の厚生が増加していくことを願っている。そのためには一定の経済成長が必要である。しかし、経済成長と同じペースで資源利用を増加させる必要はない。これを資源デカプリングと呼んでいるが、その達成のためには効率的な国際資源循環を通じたリサイクルの推進は不可欠であろう。また、資源利用の増加に合わせて、環境への負荷についてはダメージではなく回復させる方向に導くことも目指している。これをインパクトデカプリングと呼んでいるが、一部のリサイクルはバージン資源に比べて電力使

図8-3　日本からの廃プラスチック輸入量

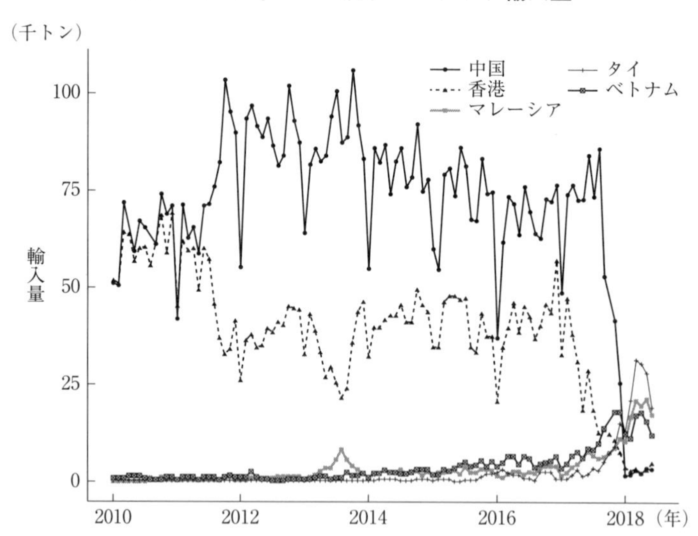

出所：UN Comtradeをもとに筆者作成。

用量が少ないので貴重な貢献になるであろう。

近年、海洋プラスチックごみの問題に端を発して、プラスチックの循環利用が大きな注目を集めている。2017年には最大の廃棄物輸入国である中国が、廃プラスチックをはじめとする一部の廃棄物を輸入禁止としたが、この影響は日本などの近隣アジア諸国だけでなく、英国をはじめとする欧米諸国にも大きな政策転換を迫るものとなった。

図８－３から明らかなように、2018年１月以降は日本からの中国への廃プラスチックの輸出は激減しており、東南アジア諸国への振替では到底カバーできない状態にある。

わずか半年ほどの準備期間での禁輸は、日本国内のヤードで大きな山ができるなど混乱を招いている。その一方、図８－４をみると、少しずつ価格が上昇傾向にあることがわかる。この価格の上昇が市場へのシグナルとなり、少しでも早くこの混乱がおさまることを期待したい。

図８－４　日本からの廃プラスチック輸入の平均価格

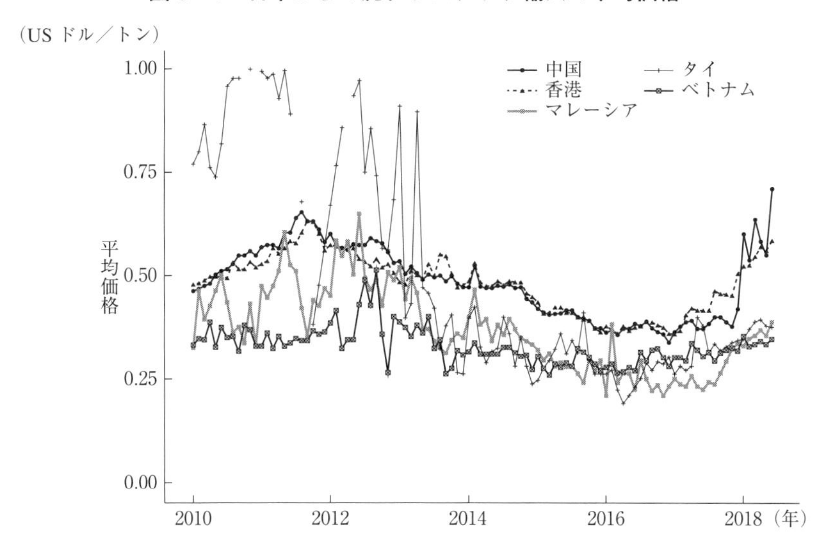

出所：UN Comtrade をもとに筆者作成。

Bernard（2015）の議論に戻れば、この禁輸措置は中国において廃棄物処理費用が禁止的に高くなったと理解することもできる。その場合、この中国の禁輸措置により、$D=d_N-d_S$ がゼロに近づいていると考えることができる。上述の結果に従えば、このとき、先進国側の環境配慮設計は進展することが期待できる。実際、プラスチックの利用方法についてはドラスティックな変化が国内で相次いで起こっている。短期的な混乱を乗り越えることができれば、両国とも経済厚生の増加につながる可能性がある。

一方で、実証分析の節の最後に議論したように、Kellenberg and Levinson（2014）は、国際資源循環における IEA の役割を疑問視している。実際、2016 年には韓国において、バーゼル条約の対象品目である使用済み鉛バッテリーのリサイクル現場における大規模な不法投棄が発覚した[14]。このわずかな例をもって、条約が機能していないと結論づけることはできないが、国際資源循環の特徴を踏まえた IEA としての枠組の見直しは定期的に行っていくべきであろう。

参考文献

Antweiler, W., B. Copeland, and S. Taylor（2001）“Is Free Trade Good for the Environment?” *American Economic Review*, vol. 91, pp. 877–908.

Baggs, J.（2009）“Inernational Trade in Hazardous Waste,” *Review of International Trade*, vol. 17, pp. 1–16.

Bernard, S.（2015）“North-south Trade in Reusable Goods: Grteen design meets illegal shipments of waste,” *Journal of Environmental Economics and Management*, vol. 69, pp. 22–35.

Copeland, B.（1991）“International Trade in Waste Products in the Presence of Illegal Disposal,” *Journal of Environmental Economics and Management*, vol. 20, pp. 143–162.

14　ただし、OECD 加盟国である韓国は事前確認は（この時点では）不要であった。韓国は 2016 年には年間約 10 万トンの使用済み鉛バッテリーを日本から輸入していた。

Dato, P.（2017）"Economic Analysis of E-waste Market," *International Environmental Agreement*, vol. 17, pp. 815–837.

Dubois, M. and J. Eyckmans（2015）"Efficient Waste Management Policies and Strategic Behavior with Open Borders," *Environmental and Resource Economics*, vol. 62, pp. 907–923.

Fleckinger, P. and M. Glachant（2010）"The Organization of Extended Producer Responsibility in Waste Policy with Product Differentiation," *Journal of Environmental Economics and Management*, vol. 59, pp. 57–66.

Gregson, M. and M. Chang（2015）"From Waste to Resource: The Trade in Wastes and Global Recycling Economies," *Annual Review of Environmental and Resources*, vol. 40, pp. 151–176.

Helpman, E., M. Melitz, and Y. Rubinstein（2008）"Estimating Trade Flows: Trading partners and trading volumes," *The Quarterly Journal of Economics*, vol. 123, pp. 441–487.

Hosoda, E.（2007）"International Aspects of Recycling of Electrical and Electronic Equipment: Material circulation in the East Asian region," *Journal of Material Cycle and Waste Management*, vol. 9, pp. 140–150.

Kellenberg, D.（2015）"The Economics of the International Trade of Waste," *Annual Review of Resource Economics*, vol. 7, pp. 109–125.

――――（2012）"Trading Wastes," *Journal of Environmental Economics and Management*, vol. 64, pp. 68–87.

Kellenberg, D. and A. Levinson（2014）"Waste of Effort?: International environmental agreement," *Journal of the Association of Environmental and Resource Economists*, vol. 1, pp. 135–169.

Kinnaman, T. and H. Yokoo（2011）"The Environmental Consequences of Global Reuse," *American Economic Review*, vol. 101, pp. 71–76.

Levinson, A.（2008）"Pollution Haven Hypothesis," *New Palgrave Dictionary of Economics*, 2nd edition, Springer.

Sugeta, H. and T. Shinkuma（2012）"International Trade in Recycled Materials in Vertically Related Markets," *Environmental Economics and Policy Studies*, vol. 14, pp. 357–382.

UNEP（2017）*Waste Crime – Waste Risks: Gaps in meeting global waste challenge*, Norway, Birkeland Trykkeri AS.

UNEP–IRP（2016）"Resource Efficiency: Potential and economic implications," Summary for Policy Makers.

Yamamoto, M. and E. Hosoda（2016）*The Economics of Waste Management in East Asia*, United Kingdom, Routledge.

Yoshida, A. and A. Terazono（2010）"Reuse of Secondhand TVs Exported from Japanto the Phillippines," *Waste Management*, vol. 30, pp. 1063-1072.

細田衛士（2015）『資源の循環利用とはなにか――バッズをグッズに変える新しい経済システム』岩波書店.

第Ⅳ部

自然共生

第9章

グリーンインフラの経済学

大沼 あゆみ

1 はじめに

2011年3月に東日本大震災で大津波により多くの被害が発生した。また、近年、これまで頻度の低いものと考えられていた規模の集中豪雨等の被害が頻発するようになっている。このような自然災害に対する防災対策として、政府は国土強靭化を打ち出している。これは、災害に強い社会の構築に向け、ソフト面を充実させることと合わせ、河川・河岸堤防の整備をはじめ防災インフラを整備することを構想している。このような状況の中で、今後、グリーンインフラ（あるいは生態系インフラ）を活用した防災システムが重要になる。こうした防災システムをEco-DRR（Ecosystem-based disaster risk reduction）という。

Eco-DRRは、以下で詳しく説明するように、生態系を活用するという面でそれ自体意義を持つものであるが、日本の将来の人口および財政状況を考えると、防災システムの大きな部分をEco-DRRで担うことが必須と思われる。一つは、日本は急速な人口減少社会に直面している。厚生労働省によれば2065年には総人口は8,800万人台にまで落ち込む中で、総人口に占める高齢人口の割合が35%を超えるものとなる。特に、地方を中心に、激しく人口が減少する。国土交通省によれば2010年と比較した2050年の人口が50%以上減少する地域は63%を超えると推測されている。

一方、財政支出における社会保障費の割合がますます増大するものと予想されている。ところが、今日、財政支出は収入の約2倍に達しており、今後は特定の政策の支出比率を大きく高めることは、ますます困難になることが考えられる。

こうした社会・財政状況の中で、グレーインフラ（人工の構造物）を整備することを中心とした防災対策の財政的持続可能性は疑問である。たとえば、東日本大震災後に建設された宮城県中島海岸型の防潮堤設置を全国での津波が予想される地域に拡大することをめぐる国会の議論の中では、その建設費が20兆円にのぼることが指摘された。また、設置後の維持管理費用は、国ではなく地方自治体が負担することも確認されている。河川の洪水防止など、多様な防災インフラを旧来型のグレーインフラに依存していくのは不可能と言ってよいだろう。すでに今日でも地方で劣化した社会資本の修復が困難なケースが散見されており、財政面の持続可能性の観点から、グリーンインフラで防災・減災を行っていくことは、大きな社会的意義がある[1]。

グリーンインフラの効果は世界的にも認識され、Eco-DRRの防災・経済面での評価は示されてきている。たとえば、Das and Vincent（2009）は、インドのオリッサ州の数百の村で、巨大サイクロンによる死亡被害とマングローブとの関係を検証し、海岸と村の間にあるマングローブ林の規模が大きいほど、死亡者が少ないことを示した。Monty *et al.*（2016）は、Eco-DRRの多様な特徴と効果を世界のさまざまな事例に基づき紹介している。

グリーンインフラの経済学的既存研究は通常の公共投資に関する研究と比較してはるかに少ないが、事例研究を主として興味深い研究が存在する。たとえばBatker *et al.*（2010）は、米国ミシシッピ川の三角州をグリーンインフラとして活用することによって生じる環境便益がきわめて大きいことを示している。

グリーンインフラに関する費用便益分析には、たとえばVandermeulen *et al.*（2011）がある。この研究では、グリーンインフラの多様な便益を評価し、

1　大沼（2015, 2018）および大沼・朱宮（2016）は、上記の背景と意義について詳しく論じている。

ベルギーのブルージュにおけるグリーンベルトとしてのグリーインフラへの投資効果を 20 年間にわたる割引現在価値の総和をもとに検証している。便益面に環境便益に加えて健康効果やいわゆる産業連関分析による経済効果も含めているという特徴がある。

一方、Barbier（2012, 2014）は沿岸地域の高潮を防ぐグリーンインフラを念頭にして、数少ない理論的な枠組みを提示している。Barbier（2012）は、生態的崩壊（ecological collapse）という生態系サービスを供給できる最小限の生態系規模を考慮して、その最適規模を論じている。Barbier（2014）は、湿地がハリケーンによる沿岸地域の高潮被害の緩和にどのように関わっているかを実証的に示している。また、Barbier（2015）は、同様のモデルで河口と海岸地域の生態系との関係を論じている。

上記のグリーンインフラのみに焦点を当てた議論と異なり、Onuma and Tsuge（2018）は、グレーインフラとグリーンインフラの比較を念頭に、それぞれの防災機能の特徴を定式化し、人口規模を考慮して費用便益面から比較する枠組みを提示している。合わせて、災害リスク（disaster risk）および災害リスク減少（disaster risk reduction）を上記モデルで明確に定義している。

本論の目的は、Onuma and Tsuge（2018）における減災モデルを、より詳細に論じることが目的である。特に、グリーンインフラの減災効果について、森林の機能をもとにモデル化することを試みる。さらに、こうしたモデルにおいて費用便益分析の枠組みを示し、グリーンインフラとグレーインフラの比較を行う。次に、実際の費用便益評価において算出されるべき項目を国土交通省（2005）および Dixon *et al.*（2017）に基づき説明する。

2　グリーンインフラの経済理論モデル

グリーンインフラは、生態系の減災効果を活用するものである。生態系の減災効果は、生態系サービスの一つである調整サービスの一つとして、広く認知されている。たとえば、森林や湿地は集水域や遊水池として洪水緩和サービスを提供している。サンゴ礁は、自然の防波堤として沿岸陸域を防護する。Eco-DRR は、このような役割を、より積極的に活用しようという発想のもとでの防災・減災手段である。

本節では、最初に、防災政策を経済学的に考えるための理論的枠組みを提供し、次に定義した関数のいくつかについて詳細に議論する。

2-1　防災の経済理論

最初に、ハザード、被害、災害（ディザスター）を定義する。まず、ハザードは、自然災害の規模を表す。津波の高さや集中豪雨における降雨量がそうである。このハザードにそのまま人々が曝露するわけではない。多くの場合、ハザードは防災インフラにより緩和される。したがって、曝露ハザードはハザードに等しいか、小さい。この曝露ハザードによって、人命を落とすことも含めた一人当たりの損失の大きさを被害と呼ぶ。被災地全体で受ける被害の総和を災害と定める。

今、ハザードの大きさを H で表そう。また、X を曝露ハザードとし、被害関数を $D(X)$、人口を n とすれば災害規模は $nD(X)$ で表される。また、ハザード H の発生確率（たとえば何年に一度で表される）を $f(H)$ とする。今、防災インフラがない場合に $X=H$ とすると、災害リスクを、

$$DR=\int_0^{\infty} nf(H)D(H)dH \tag{1}$$

で表す。

ここで、防災インフラを導入しよう。防災インフラ K により、曝露ハザード X は次のように減少するものと定義する。

$$X=\gamma H=\gamma(H,K,\theta_i)H,\ 0\le\gamma\le 1 \tag{2}$$

この γ を曝露係数と名付ける。ここで、$\gamma'_H\ge 0$、$\gamma'_K\le 0$ である。また、θ は地点の地形の特徴を表すパラメータとする。たとえば、θ をハザードが発生する地点からの高度差や距離を表すものとして解釈することができる。特徴を表すために複数のパラメータを導入するならば、θ はベクトルとなる。

$(1-\gamma(H,K,\theta_i))H$ が緩和されたハザードを表すことになる。すると、災害リスクは

$$DR=\int_0^\infty nf(H)D(X)\,dH=\int_0^\infty nf(H)D(\gamma H)\,dH \tag{3}$$

と表されることになる。

以上のモデルを用いることで、減災（DRR）を災害リスク減少として次のように表すことができる。

$$\begin{aligned}DRR&=\int_0^\infty nf(H)D(H)\,dH-\int_0^\infty nf(H)D(\gamma(H,K,\theta)H)\,dH\\&=\int_0^\infty nf(H)\{D(H)-D(\gamma(H,K,\theta)H)\}dH\end{aligned} \tag{4}$$

なお、地理的な状況を、さらに詳細に考慮することも可能である。被災地域を地理的特徴により m の区域に分け、それぞれの区域における地理的特徴と含まれる人口を θ_i、n_i とする。また、後述するように、被害の大きさは影響を受ける財産等により決定されるから、地区 i における被害関数を D_i と定めることができる。以上の点を考慮した場合、災害リスクは、次のように表される。

$$DRR=\sum_{i=1}^m\int_0^\infty n_i f(H)\{D_i(H)-D_i(\gamma(H,K,\theta_i)H)\}dH \tag{5}$$

なお、この場合、$\gamma(H,0,\theta_i)<1$ が成立する θ も一般には存在するだろう。すなわち、防災インフラを導入しなくとも地理的特徴によって減災が発生する。以下では、簡単化のため、被災地の地理的特徴の差異を区別しないで議論を進める。

次に、防災インフラ K を導入することの費用を $C(K)$ とする。ここで、$C'>0$ である。したがって、減災政策における純便益 W は、K を制御変数とすれば、

$$\begin{aligned}W(K)&=\int_0^\infty nf(H)\{D(H)-D(\gamma(H,K,\theta)H)\}dH-C(K)\\&=DRR(K)-C(K)\end{aligned} \tag{6}$$

と表される。通常の費用便益分析で用いられることの多い便益／費用比率

は、$DRR(K)/C(K)$ と等しい。

なお、ここでは費用は設置費用と想定しているが、グリーンインフラとグレーインフラを比較評価する場合、環境費用を考慮するのが自然である。この場合、設置費用を $C(K)$、環境費用を $E(K)$ と定め両者を足し合わせることで、総費用 $TC(K)$ とみなすことができる。グレーインフラの場合は、$E(K)>0$、$E'(K)>0$ であり、一方、グリーンインフラの場合は、$E(K)<0$、$E'(K)<0$ と想定することができるだろう。

最適な防災インフラ K^{*}は以下を満たすように定まる。

$$\frac{dDDR(K)}{dK}=TC'(K)\Leftrightarrow -\int_{0}^{\infty} n\,f(H)\,D'(\gamma(H,K,\theta)H)\gamma'_{K}HdH=TC'(K) \quad (7)$$

以上のフレームワークをもとにして、グリーンインフラとグレーインフラのそれぞれの場合における特徴化を行う。各防災インフラの特徴は、関数 γ に表現される。

①グレーインフラのモデル

Onuma and Tsuge（2018）は、グレーインフラの特徴を、ある一定の計画規模のハザードまでは100％防御するが、それを超えるハザードに対しては、防御が不能になる、すなわち防御確率は0であると想定した（図9-1）。

図9-1　グレーインフラ

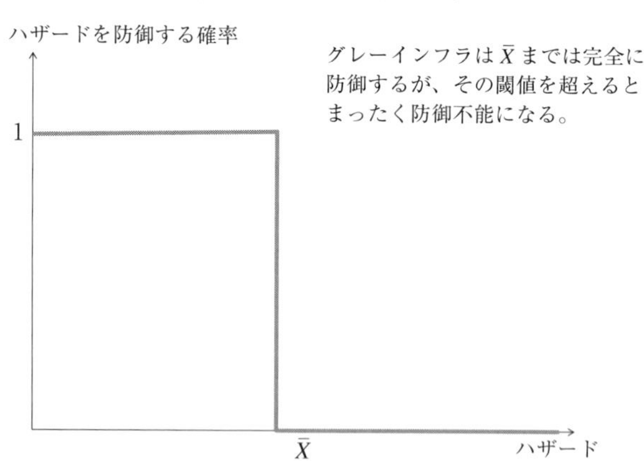

簡単化のため地理的特徴を一定として、グレーインフラの曝露係数 γ を γ_c で表す。γ_c を定式化すると、

$$\gamma_c(H, K_c) = \begin{cases} 0 \ (H \leq \hat{H}_c) \\ 1 \ (H > \hat{H}_c)) \end{cases} \tag{8}$$

ここで、$\hat{H}_c$ はグレーインフラが完全防御するハザードの上限を表し、以下ではグレーインフラの「臨界ハザード」と呼ぶ。ここで $\hat{H}_c$ はインフラの規模 K_c により決定されるので、$\hat{H}_c = \hat{H}_c(K_c)$ と表すことができる。$\hat{H}(K_c) \neq \hat{H}_c$ となる H で、常に $\dfrac{\partial \gamma_c}{\partial H} = 0$ が成立する。

この特徴により、グレーインフラ K_c を導入したときの災害リスク $DR_c(K_c)$ は

$$DR_c(K_c) = \int_{\hat{H}(K_c)}^{\infty} n f(H) D(H) dH \tag{9}$$

となる。また、これよりグレーインフラによる減災 $DRR_c(K_c)$ は、

$$DRR_c(K_c) = \int_0^{\hat{H}(K_c)} n f(H) D(H) dH \tag{10}$$

と表されることがわかる。

したがって、$TC_c(K_c)$ をグレーインフラの費用関数とすると、社会的純便益 $W_c(K_c)$ は、次のように表される。

$$\int_0^{\hat{H}(K_c)} n f(H) D(H) dH - TC_c(K_c) \tag{11}$$

これより、最適 K_c は、

$$\hat{H}_c'(K_c) nf(\hat{H}_c) D(\hat{H}) = TC_c'(K_c) \tag{12}$$

と定まることになる。この式を書き換えると、次が得られる。

$$nf(\hat{H}_c) D(\hat{H}_c) = \frac{TC_c'(K_c)}{\hat{H}_c'(K_c)} \tag{13}$$

左辺は臨界ハザードの期待被害を示し、臨界ハザードが一単位増加すること

によって救われる期待被害を表している。右辺は、臨界ハザードが一単位増加することに対する費用の増加を表している。なぜなら、$\frac{1}{\hat{H}_c'(K_c)}$は、臨界ハザードを一単位増加させるために必要なグレーインフラの増加分を表しているからである。すなわち、(13) は、臨界ハザードを限界的に増加させることの費用と便益が等しいことを表している。

なお、最大化の二階の条件が成立することを以下では仮定する。f、Dの形状によっては保証されないからである[2]。すなわち、

$$n\{\hat{H}_c''f(\hat{H}_c)D(\hat{H}_c)+\hat{H}_c'[f'(\hat{H}_c)D(\hat{H}_c)+f(\hat{H}_c)D'(\hat{H}_c)]\}-TC_c''<0 \quad (14)$$

二階の条件を用いることで、次の性質が成り立つ。

$$\frac{dK_c^*}{dn}=\frac{\hat{H}_c'fD}{TC_c''-n\{\hat{H}_c''fD+(\hat{H}_c')^2(f'D+fD')\}}>0 \quad (15)$$

すなわち、人口が増大（減少）すると、最適グレーインフラは大きく（小さく）なることが得られる。

ここで、(5) に基づき地理的特徴を考慮した最適条件を以下に示す。グレーインフラK_cを導入したときの災害リスク$DR_c(K_c)$は

$$DR_c(K_c)=\sum_{i=1}^{m}\int_{\hat{H}_i(K_c)}^{\infty}n_if(H)D_i(H)dH \quad (16)$$

となる。ここで、$\hat{H}_i(K_c)$は、区域iにおける臨界ハザードである。また、グレーインフラによる減災$DRR_c(K_c)$は、

$$DRR_c(K_c)=\sum_{i=1}^{m}\int_{0}^{\hat{H}_i(K_c)}n_if(H)D_i(H)dH \quad (17)$$

と表される。さらに、最適条件は、

$$\sum_{i=1}^{m}\hat{H}_i'(K_c)n_if(\hat{H}_i)D_i(\hat{H}_i)=TC_c'(K_c) \quad (18)$$

2　成立の十分条件は、$f'D+fD'\leq 0$である。通常、fは減少関数であるので、$\frac{f'}{f}-\frac{D'}{D}\leq 0$、すなわちハザードの生起確率の減少率が被害の増加率を下回らない、ということを表している。

となる。

②グリーンインフラのモデル

グリーンインフラの典型的な減災効果の１つを、Onuma and Tsuge（2018）は図 9 - 2 のように想定した。

すなわち、規模の小さいハザードに対して完全には防御できるのではないが、規模の大きいハザードに対しても部分的に防御可能となる。このとき、グリーンインフラ K_e およびハザード H に対して、曝露関数を $\gamma_e(H, K_e)$ とすると、この関数は以下のような性質を示す。

$$\gamma_e(0, K_e) = 0,\ \frac{\partial \gamma_e}{\partial H} > 0,\ \frac{\partial \gamma_e}{\partial K_e} < 0 \tag{19}$$

現実的には、ある小さな H までは、$\frac{\partial \gamma_e}{\partial K_e} = 0$ となるであろう。しかし、大部分の範囲では $\frac{\partial \gamma_e}{\partial K_e} < 0$ と想定することができるだろう[3]。この想定をより詳細に議論しよう。

グリーンインフラの減災メカニズム　グリーンインフラの減災のメカニズムは多様であるが、ここでは樹林の役割について簡単に紹介しよう。水文学で

図 9 - 2　グリーンインフラ

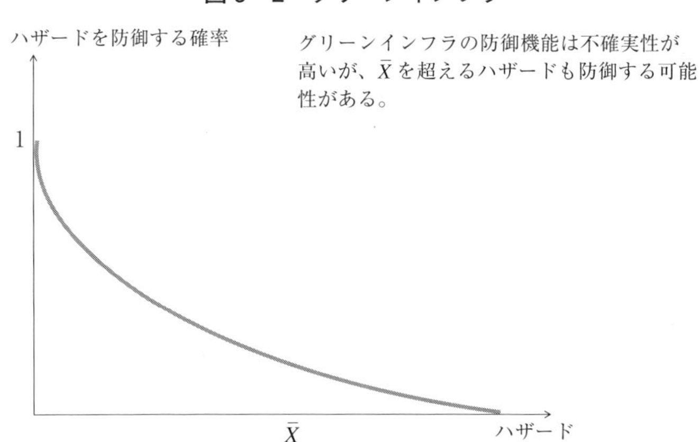

3　Barbier（2014）は、湿地（W）と高潮（S）の関係を、$\frac{\partial S}{\partial W} < 0$ と基本的に想定してモデルを構築している。(19) における想定は、Barbier（2014）と本質的に同じである。

は、さまざまな存在物が、流入する水を、浸透と遮断により、どれだけの割合で流出させるかという、runoff scaling factor（流出スケール因子）と呼ばれる係数（以下、流出係数）が定められている。たとえば、この係数をαとすれば、流入した水の$1-\alpha$が、地面に浸透したり葉などに留まることで流出しないことを表す。この因子は、樹木によって異なる。Dixon *et al.*（2016）は、その水準を以下のように与えた。たとえば、樹木に関しては、広葉樹が0.38、針葉樹が0.16である。針葉樹では、流入した水の8割以上が遮断されるのである。ちなみに、他の存在物では、建物が0.90、畑が0.45、庭が0.60、果樹園が0.57とされている。

森林では、降雨が樹木によって遮断されるが、一部が地上に到達する。地上に降下した水の一部は、表層土壌に吸収されたり、地下に浸透する。地下浸透した水は、浅い層から流出する中間流と、さらに深い層に到達する地下水流となる。雨が強くなると表層土壌と地下の吸収・浸透能力が限界となり、地表流として流れる。この地表流と中間流が直接流出である（土木学会水工学委員会環境水理部会 2015）。

したがって、直接流出は、降雨量とともに増えるものと考えられる。さらに浸透能力の上限を超えると、流出量はさらに大きくなると考えられる。森林のような樹林群をグリーンインフラとして考えると、流出係数αを曝露係数とみなすことができるだろう。さらに、森林の規模により吸収・浸透する水量には上限があり、その上限を超えると地上に降下した水量の多くが流出してしまうと考えられる。K_eはこの樹林規模を表すものとすれば、上限値はK_eの増加関数となるだろう。したがって、こうした理解に基づけば、次のように曝露ハザードを定式化することができる。

$$\gamma_e(H, K_e) = \begin{cases} \alpha H & (H \leq \hat{H}_e(K_e)) \\ H - (1-\alpha)\hat{H}_e(K_e) & (H > \hat{H}_e(K_e)) \end{cases} \tag{20}$$

ここで、$\hat{H}_e(K_e)$は、樹林規模K_eにおける上限水量を表す。すなわち、この上限値を超える流入（地上降下）水量部分はすべて流出する。したがって、$\hat{H}_e(K_e)$を超えるHに対して、樹林があることで貯留される流入水量は

$(1-\alpha)\hat{H}_e(K_e)$ となる。

ただし、これは、流出係数 α がコンスタントという仮定に基づく性質である。一方、より一般的に、$R(H) \equiv \alpha H$ を流出量とすれば、

$$R(0)=0, R'>0(H<\hat{H}_e(K_e)), R'(H)=1(H \geq \hat{H}_e(K_e)) \tag{21}$$

と想定するのが自然である。こうした想定に基づき、次のように特定化する。

$$\alpha=\begin{cases}\alpha(H, K_e), \alpha'_H>0,\ \alpha''_H \geq 0, \alpha'_{K_e}<0 & (H \leq \hat{H}_e(K_e)) \\ 1-(1-\hat{\alpha}(K_e))\dfrac{\hat{H}_e(K_e)}{H} & (H>\hat{H}_e(K_e))\end{cases} \tag{22}$$

ここで、

$$\hat{\alpha}(K_e)=\alpha(\hat{H}_e(K_e), K_e) \tag{23}$$

である。すなわち、$\hat{\alpha}(K_e)$ は、$H=\hat{H}_e(K_e)$ における流出係数を表す。(22) が保証されると、

$$\begin{aligned}&R'=\alpha'_H H+\alpha>0, R''(H)=\alpha''_H H+\alpha'_H>0, (H \leq \hat{H}_e(K_e)) \\ &R'(\hat{H}_e(K_e))=1, (H>\hat{H}_e(K_e))\end{aligned} \tag{24}$$

が必ず成立する。

このとき、災害リスク DR_e および減災 DRR_e は下記のように定まる。

$$\begin{aligned}DR_e&=\int_0^{\infty} n f(H) D(H) dH \\ DRR_e&=\int_0^{\infty} n f(H)\{D(H)-D(\alpha(H, K_e) H)\} dH\end{aligned} \tag{25}$$

社会的最適　グリーンインフラの曝露係数（19）に基づくと、$W(K_e)$ は、

$$W(K_e)=\int_0^{\infty} n f(H)\{D(H)-D(\alpha(H, K_e) H)\} dH-C(K_e) \tag{26}$$

と定められる。

グリーンインフラの場合、DRR の最終的定式化は、（4）と同一である。また、最適グリーンインフラ K_e^*は、（7）と同様に、

$$\frac{dDDR_e(K_e^*)}{dK_e}=C_e'(K_e^*)\ \Leftrightarrow -\int_0^{\infty} n\,f(H)\,D'(\alpha(H,K_e^*)H)\,\alpha_K' HdH = C_e'(K_e^*) \quad (27)$$

ここで、C_e はグリーンインフラの費用関数である。なお、$\alpha_K'' \geq 0$ を仮定すれば、二階の条件は常に満たされる。すなわち、

$$-nH\left(\int_0^{\infty}\{nf(H)D''(\alpha_K')^2+D'(\alpha(H,K_e^*)\alpha_K''\}dH\right)-C_e''<0 \quad (28)$$

である。この性質を用いると、

$$\frac{dK_e^*}{dn}=-\frac{\int_0^{\infty} nf(H)D'(\alpha(H,K_e^*)H)\alpha_K' HdH}{nH\left(\int_0^{\infty}\{nf(H)D''(\alpha_K')^2+D'(\alpha(H,K_e^*)\alpha_K''\}dH\right)-C_e''}>0 \quad (29)$$

すなわち、最適グリーンインフラは人口が増加すると増大する。

2-2　グレーとグリーンの比較

グリーンインフラとグレーインフラのどちらを社会は選択すべきなのか。上記の議論に基づき、K_e^*、K_c^* における社会的純便益が大きい方を選択する。すなわち、

$$\begin{aligned}
&W_e(K_e^*)-W_c(K_c^*)=DRR_e(K_e^*)-DRR_c(K_c^*)-(C_e(K_e^*)-C_c(K_c^*))\\
&=\int_0^{\infty} n\,f(H)\{D(H)-D(\alpha(H,K_e^*)H)\}dH-\int_0^{\hat{H}(K_e^*)} n\,f(H)D(H)dH\\
&\quad -(C_e(K_e^*)-C_c(K_c^*))\\
&=n\left(\int_{\hat{H}(K_c^*)}^{\infty} f(H)D(H)dH-\int_0^{\infty} f(H)D(\alpha(H,K_e^*)H)dH\right)\\
&\quad -(C_e(K_e^*)-C_c(K_c^*))
\end{aligned} \quad (30)$$

(30) が正であればグリーンインフラが、また負であればグレーインフラが望ましい。一般に、最後の式の二つのカッコ内の符号は負であるため、その絶対値の差異により全体の符号が決定される。最初のカッコ内は、インフラ設置後の DR の差を表している。この差より、絶対値で比較して費用の差が十分大きければグリーンインフラが選択される。

なお、人口 n の規模によって、選択される防災インフラが異なる可能性もある。その理由は、リスク回避的な効用関数を仮定すると、グレーインフラは、DRR が $\int_0^{\hat{H}(K_c^*)} n f(H) D(H) dH$ と、確実にある一定範囲の被害を回避するからである。この確実性に対する評価が、人口が大きいほど社会全体で高い便益となる。

いま、$nD(X(H)) = nX^2$ と特定化すると、防災インフラを導入したときの DR は、

$$n\int_0^{\infty} f(H)(X(H))^2 HdH = nE(X^2) = n(E(X)^2 + \sigma_X^2) \quad (31)$$

とあらわされる。ここで、$E(X)$ は曝露ハザードの平均値、σ_X は曝露ハザードの標準偏差を表す。つまり DR は、平均曝露ハザードが同じでも、σ_X が大きいほど、大きくなる（ただし、最適インフラ規模も人口規模により変化する）。グリーンインフラでは、この標準偏差の部分が大きくなるため、特に人口が大きいならば DRR が大きく算定されやすい。Onuma and Tsuge（2018）では、上記の関数を特定化することで、n が十分小さいときはグリーンインフラが望ましく、一方、十分大きいときはグレーインフラが望ましいことを示した。

3　実証における被害と便益の経済評価

本節では、被害と便益の経済評価を具体的に説明する。任意のハザードに対して、防災インフラを設置しない総被害から、設置した場合の総被害を引いたものが、回避された被害金額で表した設置効果となる。さらに、各ハザードの生起確率に設置効果を乗じて足し合わせることで、DRR が求められる。これが防災便益となる。

一方、他の便益も発生する。一つは環境面の便益（もしくは費用）である。また、防災インフラは公共投資であるので、地域の需要と雇用を創出することになる。このような便益を合わせて非防災便益と呼ぶことにする。

3-1　被害

曝露ハザードに対する被害は、多方面にわたっている。Dixon *et al.* (2016) と国土交通省河川局 (2005) では、こうした被害を直接被害と間接被害の和に分けている。ここでは、より詳細に定めている国土交通省河川局 (2005) の定義を用いて紹介する。

直接被害　直接被害には有形と無形の被害が計上される。

- 一般資産被害：家屋（居住用・事業用建物の被害）・家庭用品（家具・自動車等の浸水被害）・事業所償却資産（事業所固定資産のうち、土地・建物を除いた償却資産の浸水被害）・事業所在庫資産（事業所在庫品の浸水被害）・農漁家償却資産（農漁業生産に関る農漁家の固定資産のうち、土地・建物を除いた償却資産の浸水被害）・農漁家在庫資産（農漁家の在庫品の浸水被害）
- 農産物被害：浸水による農作物の被害
- 公共土木施設等被害：公共土木施設、公益事業施設、農地、農業用施設の浸水被害
- 人身被害：人命損傷

間接被害　間接被害は、多岐にわたると考えられる。以下は、その一部である。

- 稼動被害
  - －家計：浸水した世帯の平時の家事労働、余暇活動等が阻害される被害
  - －事業所：浸水した事業所の生産の停止・停滞（生産高の減少）
  - －公共・公益：サービス公共・公益サービスの停止・停滞
- 事後的被害
  - －家計・事業所：浸水世帯の清掃等の事後活動、飲料水等の代替品購入に伴う新たな出費等の被害、応急対策費用
  - －国・地方公共団体：家計・事業所と同様の被害および市町村等が交付する緊急的な融資の利子や見舞金等、地域の行政や緊急サービスの利用可能性が失われることの被害
  - －交通途絶による波及被害：道路や鉄道等の交通の途絶に伴う周辺地域を含めた波及被害

– ライフライン切断による波及被害：電力、ガス、水道、通信等の供給停止に伴う周辺地域を含めた波及被害
– 営業停止波及被害：中間産品の不足による周辺事業所の生産量の減少や病院等の公共・公益サービスの停止等による周辺地域を含めた波及被害

・精神的被害：資産の被害、稼動被害、人身被害、事後的被害、清掃労働等、波及被害に伴う精神的打撃
・被災可能性に対する不安

以上の多様な被害のうち、建物の浸水による被害と死傷被害は最も代表的なものである。その点で、特に上記の直接被害について、信頼性の高い評価を行う必要がある。上記、国土交通省河川局（2005）は、氾濫区域の資産及び世帯数、従業者数等の基礎数量を氾濫シミュレーションの計算メッシュ単位に算定することで、被害額を評価している。たとえば、家屋の被害は、平均床面積に家屋 $1m^2$ 当たりの平均評価額を乗じて資産額を算定する。また、家庭用品平均評価額を乗じて平均家庭用品資産額を算定する。農作物の資産額は、水田と畑の面積に平年収量及び農作物価格を乗じ算定する。こうして、個々のメッシュごとの資産額を算出する。たとえば家屋の被害額は、この資産額に「浸水深別被害率」を乗じて求められる。被害率は、地盤勾配の大きさと浸水の規模によって異なる。地盤勾配は、1/1000 未満、1/1000～1/500、1/500 以上の 3 グループに分けられ、床下浸水の場合は資産額にそれぞれ 0.032、0.044、0.05 を乗じる。また、床上浸水の場合は、浸水規模を浸水深に応じて 5 段階に分け、全体で 0.092 ～ 0.888 が乗じられて求められる。

一方、農作物についても、冠浸水深に応じて求められるが、農作物の場合は、冠浸水日数および作物の種類によって被害率が異なっている。たとえば、水稲については、浸水深が 50cm 未満で浸水日数が 1 ～ 2 日の場合は、資産額に 0.21 が乗じられる。この率は、浸水深が大きいほど、また浸水日数が多いほど高くなり、最高値は 0.74 である。白菜の場合は、最高被害率は 1 になる。すなわち、全滅する被害が存在する。

死傷被害については、国土交通省河川局では詳しい試算方法は記載されて

いない。一方、Dixon *et al.*（2016）では、洪水による健康障害（死亡を除く）を回避する価値が一家計当たり年間286ポンドに上ることを紹介している。これは支払意思額（WTP）に基づくものである。死亡の損害価値についても、WTPアプローチでは統計的生命価値（VSL）を推定することで求めることができる。この水準については、米国運輸省では2014年に920万ドルの値が採用されている。また、イギリスでは164万ポンドが使用されている（柘植2016）。

このように、様々な被害を金銭的評価する手法が確立されつつある。グリーンインフラに即して言えば、グレーインフラに比して計画規模までの防御効果が確実ではない（ただし、大きな災害に対しては防災効果を発生させる可能性がある）という側面を、適切に経済評価することが必要になってくるであろう。

一般に防災インフラの便益は、上記の被害費用を用いる。すなわち、防災インフラを新たに設置することで減じることのできると期待される被害費用が防災便益である。

3-2　非防災便益

防災効果以外の便益には、次のものがある。

経済効果　防災インフラの設置は公共事業として経済効果を生む。とりわけグレーインフラの場合は、費用に応じた波及効果が期待される。また、定期的に維持補修を行うことでも経済効果が生まれる。グレーインフラの場合は、この経済効果が主として期待されるものとなる場合もある。この経済効果は、産業連関分析により導出されるのが一般的である。

環境便益等　グリーンインフラは提供する生態系サービスが重要な非防災便益である。生態系サービスは、自然資本が提供する恩恵の総称であり、大きく供給サービス・調整サービス・文化サービス・基盤サービスに分類される。ここでは、供給・調整・文化の各サービスを取り上げる。供給サービスは、森林があることで持続的に可能となる木材などの物質供給を指している。洪水を緩和する役割は調整サービスに含まれるが、このサービスには水に関するものの他に森林があることで水質が向上したり、安定的に水の供給が行われるようになったりすることがあげられる。また、炭素を固定する役割は地球温暖化緩和の点で評価される。

自然景観が向上したり、レクリエーションのために来訪者が増えるなどの効果は文化サービスに含まれる。また、生物多様性自体が増えることの便益も考えられる。こうした生態系サービスに対しては、顕示選好法と表明選好法による評価が可能である。一方、グレーインフラの場合は、これらのサービスはゼロであるか負である。たとえば、自然景観を悪化させたり生物多様性を喪失させる可能性があり、こうした影響は環境費用（負の環境便益）として算入される。

グリーンインフラの特徴に基づき、他の便益も考えられる。たとえば、Vandermeulen *et al.*（2011）では、健康や交通の安全性を高める効果も参入している。

上記の防災便益と非防災便益の和から、設置費用と維持管理費用を控除したものが純便益である。これらの便益と費用は、数十年にわたり毎年発生するものの割引現在価値の総和として表されるのが一般的である。

3-3　ピケリングの Slowing the flow project

先進国の今日の成功事例の一つが、イギリスの北ヨークシャー、ノース・ヨーク・ムーアズ国立公園に隣接する人口数千人の町ピケリングの“Slowing the flow project”である。ピケリングは、集水域である周囲の山から下るリバーセブン川などの水路が町に集まる地理的構造になっているため、たびたび大雨により川が氾濫し、洪水に見舞われてきた。それによって、浸水家屋の資産が被害を受けてきた。

この洪水回避のため、住民はグレーインフラの設置要望を政府に行ったが、人口が少ないため費用便益面で価値なしと判断され却下されていた。そこで、オクスフォード大学と共同で、2009 年にグリーンインフラによる洪水防止プロジェクトを開始した。そのアイディアは、通常の洪水防止インフラのように水を貯めるのではなく、水の流下速度を遅らす（“Slowing the flow”）というものだった。このプロジェクトの主要な内容は次の通りである（Nisbet *et al.* 2015）。

①大きな屑木材で作った合わせて167の小さなダムを山中を中心に設置。

②ヒースのベール（圧縮した草の円形・直方体の固まり）で作ったムーアランド（荒れ地）の水が流れる溝や小峡谷に配置したダムを187設置。

③集水域とリバーセブン川に合わせて29ヘクタールの植樹。

④集水域にある農地に15ヘクタールの植樹。

⑤大きな貯水ダムを集水域の斜面に建設。これは、唯一のグレーインフラであるが、地中を掘り下げて建設し、緑地で覆っているため、緑地景観の中で醜悪な印象を与えるものではない建造物である。

このようにして、水の集中を回避するためのグリーンインフラを中心にした防災システムを作った。これにより、洪水発生確率は25%から4%にまで低下することになり、その便益／費用比率は1.3〜5.6と十分大きな値になると推定された（Nisbet *et al.* 2015）。

4　おわりに

本章では、グリーンインフラに対する政策的な注目が高まりつつある中、グレーインフラと合わせた理論的なフレームワークを示した。ハザードの生起確率や被害関数および緩和関数を特定化することで、現実的な費用便益分析にもつながる可能性がある。

本章でのモデルの特徴は、人口規模を考慮し、その規模によりいずれかの防災インフラがいいかの基準を提示していることである。一般には、人口規模の大きいほど、グレーインフラが望ましい可能性が高まることが導かれる。これは、市民の効用関数がリスク回避的と想定すると、人口が大きいほど確実に防御できる範囲についての評価が高くなることを反映している。

より現実の政策では、グリーンインフラかグレーインフラかの二者択一的選択よりも、二つのインフラを組み合わせて災害防御を行う「ハイブリッドインフラ」が一般的であろう。実際、前節で紹介したピケリングの事例でも、一部にグレーインフラを設置している。ハイブリッドインフラにおいては、どの部分にどれだけの比率でグリーンインフラとグレーインフラを設置するかなど、理論的枠組みはより複雑になるであろう。例えば、グレーインフラが防御する川の氾濫を例に取れば、その上流に森林をグリーンインフラとして設置するか、あるいは下流に設置するかで、防災の効果は異なる。前者では、森林が貯留する量を除いた水量がグレーインフラに流入する。一方、後者では、グレーインフラから溢れた水量の一部をグリーンインフラが貯留するということになるのである。こうした観点から、より詳細な理論を発展させることは興味深いものである。

参考文献

Barbier, E. B.（2012）“A Spatial Model of Coastal Ecosystem Services,” *Ecological Economics*, vol. 78, pp. 70–79.

Barbier, E. B. and B. S. Enchelmeyer（2014）“Valuing the Storm Surge Protection Service of US Gulf Coast Wetlands,” *Journal of Environmental Economics and Policy*, vol. 3, no.2, pp. 167–185.

Barbier, E. B.（2015）“Valuing the Storm Protection Service of Estuarine and Coastal Ecosystems,” *Ecosystem Services*, vol. 11, pp. 32–38.

Batker, D., I. de la Torre, R. Costanza, P. Swedeen, J. Day, R. Boumans, and K. Bagstad（2010）“Gaining Ground: Wetlands, Hurricanes, and the Economy: The value of restoring the Mississippi river delta,” Earth Economics Project Report.

Das, S., and J. R. Vincent（2009）“Mangroves Protected Villages and Reduced Death Toll during Indian Super Cyclone,” *Proceedings of the National Academy of Sciences*, vol. 106, no. 18, pp. 7357–7360.

Dixon, G., F. O’Connell, A. Pettit, and M. Scott（2016）“Flood Management and Woodland Creation – Southwell Case Study: Hydraulic modelling and economic appraisal report,” Forestry Commission, UK.

Monty, F., Murti, R. and Furuta, N.（2016）“Helping Nature Help Us: Transforming disaster risk reduction through ecosystem management,” Gland, Switzerland, IUCN.

Nisbet, T., P. Roe, S. Marrington, H. Thomas, S. Broadmeadow, and G. Valatin (2015) "Project RMP5455: Slowing the flow at pickering final report: Phase II," Department for Environment, Food and Rural Affairs, UK.

Onuma, A. and T. Tsuge (2018) "Comparing Green Infrastructure as Ecosystem-based Disaster Risk Reduction with Gray Infrastructure in Terms of Costs and Benefits Under uncertainty: A theoretical approach," *International Journal of Disaster Risk Reduction*, vol. 32, pp. 22–28.

Vandermeulen, V., A. Verspecht, B. Vermeire, G. Van Huylenbroeck, and X. Gellynck (2011) "The Use of Economic Valuation to Create Public Support for Green Infrastructure Investments in Urban Areas," *Landscape and Urban Planning*, vol. 103, no. 2, pp. 198–206.

大沼あゆみ（2015）「人口減少下での持続可能な海岸管理政策について――防災と自然保護をめぐって」『環境経済・政策研究』第8巻第2号，pp. 11–17.

大沼あゆみ・朱宮丈晴（2016）「東日本大震災復旧計画としての防潮堤と被災地復興をめぐる諸問題」植田和弘編『被害・費用の包括的把握』大震災に学ぶ社会科学，第5巻，東洋経済新報社.

大沼あゆみ（2018）「生態系インフラによる防災・減災（Eco-DRR）をどのように拡大していくべきか？ ――第五次環境基本計画に示されたグリーンインフラ：その経済的特徴と持続可能社会形成における意義」『環境経済・政策研究』第11巻第2号，pp. 61–64.

国土交通省河川局（2005）「治水経済調査マニュアル（案）」.

柘植隆宏（2016）「健康影響の定量化と汚染対策の費用便益評価」大沼あゆみ・岸本充生編『汚染とリスクを制御する』シリーズ環境政策の新地平，第6巻，pp. 35–56.

土木学会水工学委員会環境水理部会（2015）『環境水理学』土木学会.

第 10 章

持続可能な開発と先住民の世界観の関係
――実証と理論

チョイ・イー・ケエヨン

1　はじめに

1987 年の「ブルントランド委員会報告書（Brundtland Report）」を公表して以来、自然と開発の調和を目指した持続可能な開発という概念は、開発経済学理論の主流をなしている。この開発概念は、生物物理学的な「成長の限界」の中で、いかに開発と天然資源の賢明な管理・利用を両立させるかという点を非常に重視したものである。ブルントランドの持続可能な開発概念に応じて世界各国は、持続可能な資源利用と環境保全を促進するため、包括的な環境機関及び法律制度の整備を進めている（Choy 2015；2018a）。

それにもかかわらず、世界経済のグローバル化が急速に進展する中、世界の多くの地域は社会の経済成長と環境保護とのバランスをとることに成功しておらず、総じて道徳的かつ実際上の困難から抜け出せずにいる。地球環境は、経済活動の急速な増加及び天然資源の積極的な開発・利用によって、危機的な状況に陥っている。例えば森林資源の過剰開発、生物多様性の損失、人間活動による生息域の損傷、生態系の破壊、種の減少・絶滅及び温室効果ガスの増加などは地球システムへの最大の生態学的な脅威となっている（Choy 2018a）。概して世界的な環境問題は道徳的な問題であり、「環境倫理学」という領域において議論すべきものである。何故なら、法律、規則また既存の施策のみによっては持続可能な資源管理と環境保全運動の確保は困難だからである。持続可能な開発を促進する上では、「人間の側」の問題として捉えることが重要となる。具体的には、環境問題を真摯に受け止めるべく、道徳的心情や倫理的判断力、あるいは道徳・倫理的態度と実践意欲を養成することが不可欠である。そこにおいて、環境哲学・倫理学は大きな役割を果たしている（例えば、Choy 2018a；b 参照）。

環境保護活動を促す上で自然価値の分析、あるいは環境倫理が果たす重要性は、広範囲な先行研究において認められている。しかし、それらの議論の多くは、机上の空論とのそしりをまぬかれないというのが実情であろう。実際かつ効果的な環境保護活動を動機付けるための外発的な要因については、より一層の検討が必要である。

そこで本稿では、真の環境保護活動と行動を促進する上での環境倫理の重要性について、確かな証拠に基づいた堅実な分析を目指す。方法論としては、マレーシア・サラワク州における先住民族の広範囲なフィールドワークを行う。フィールドワークを通じて先住民族の「価値観・世界観」と持続可能な開発、つまり、環境の持続性の関連を明らかにし、さらにはその内実に照らして実際的な環境保全活動のあり方を考究する。具体的には、環境との共生を可能とする先住民族の世界観を哲学的、文化的及び倫理的に解釈し、それを踏まえて道徳としての環境保全主義のあり方について考察する。

分析に際しては、「自然と人類の関係についての個人の信条」として定義される環境世界観という概念を中心に据える（Schultz *et al.* 2005）。環境世界観は、環境上の関心や環境態度とは異なる概念である。環境上の関心とは、環境問題に関わる自分自身の行動から生じた結果に対する責任についての評価である。「関心」は環境行動における基底的部分認知であり、従って環境に対する関心があっても実際の行動にはつながらないことがありうる。環境態度は、環境に対する個人的信条、価値あるいは行動意図という意味である（Kaiser *et al.* 1999；Fransson and Gärling 1999）。

以上のような調査研究を通じて、環境保護活動ないしは持続可能な資源利用を促進する上で環境倫理が果たす役割と、そこにおいて先住民族の「価値観・世界観」が示唆する含意の重要性がより一層明らかとなるだろう。

2　調査目的地：基本的な事実

フィールド調査は、マレーシアのサラワク州で実施した。サラワク州はボルネオ島の北西部に位置し、マレーシア最大の州である（図10-1）。生態系の豊かなサラワク州の熱帯雨林では太古から先住民族、例えば、カヤン（Kayan）族、プナン（Penan）族、ケニァ（Kenyah）族及びイバン（Iban）族などが伝統的な移動式焼畑農業を営んでおり、狩猟採集生活をしている。昔ながらの先住民の暮らしは多かれ少なかれ必要な資源を自然の恵みに頼っており、彼らは自然資源の持続性を守りながら日々の生活を送っている（Choy 2004；Choy・大沼 2014）。先住民の文化・伝統的慣習は自然と緊密な関係を維持しており、その持続的な環境資源利用のあり方は土着の慣習的な倫理原則、すなわち環境哲学・倫理学に導かれている。

実証的研究の標的調査目的地はビントゥル（Bintulu）、シブ（Sibu）、ミリ（Miri）、ムル（Mulu）及びクチン（Kuching）の内陸森林地域となった（表10-1）。

図10-1　調査目的地：地理的表示

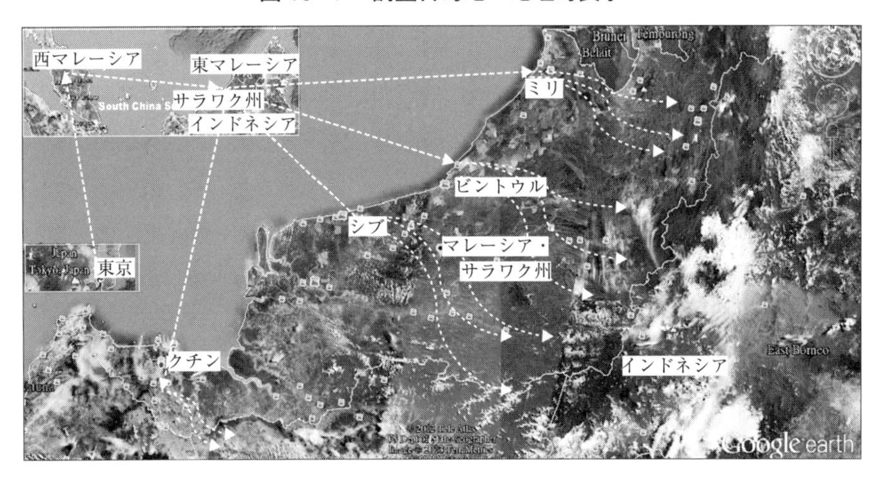

注：マレーシアは、西部11州と東部2州（サラワクとサバ）から構成されている。東部と西部は南シナ海によって隔てられ、およそ650キロメートルの距離がある。サラワク州は13州の中で最大の州であり、その面積は124,450平方キロメートルである。

表 10- 1　標的調査目的地

Year	Month	Name of longhouse/tribe	Location
2007	May	Mudung Ambun（Kenyah）	Bintulu
	May	Terbila Tubau（Kenyah）	Bintulu
2008	February	Ado Bilong（Penan）	Bintulu
	May	Long Bala（Kenyah）	Bintulu
	May	Long Apok（Penan）	Bintulu
	May	Rumah Anthony Lerang（Kenyah）	Bintulu
	August	Rumah Bagong（Iban）	Bintulu
	August	Rumah Jalong（Kenyah）	Bintulu
	August	Long Biak（Kenyah）	Bintulu
	August	Kampong Gumbang（Bidayuh）	Kuching
	August	Tanah Mawang（Iban）	Kuching
	August	Nanga Entawai（Iban）	Sibu（Song）
	August	Kulleh Village（Iban）	Sibu（Song）
	October	Rumah Amit（Iban）	Bintulu
	October	Rumah Mulie（Iban）	Bintulu
	October	Rumah Kiri （Iban）	Bintulu
	October	Uma Sambop（Kenyah）	Bintulu
	November	Rumah Akeh	Miri
2009	January	Long Lawen（Kenyah）	Bintulu
	January	Long Wat （Penan）	Bintulu
	January	Long Pelutan （Penan）	Bintulu
	January	Long Peran（Penan）	Bintulu
	January	Long Jek（Penan）	Bintulu
	July	Long Koyan（Kenyah）	Bintulu
	October	Rumah Sekapan Pitt（Kenyah）	Bintulu
	October	Long Dungun（Kenyah）	Bintulu
	October	Sekapang Panjang（Kenyah）	Bintulu
	October	Rumah Aging Long（Penan）	Bintulu
	November	Kampong Sg. Entulang（Iban）	Miri
	November	Kampong Sg. Buri（Iban）	Miri
	November	Long Laput（Kayan）	Miri
	November	Long Tutoh（Kenyah）	Miri
	November	Long Ikang（Kenyah）	Miri
	November	Long Banyok（Kenyah）	Miri
	December	Long Miri （Kenyah）	Miri
	December	Long Na'ah（Kayan）	Miri
	December	Long Pillah（Kayan）	Miri
	December	Long Kesih（Kayan）	Miri
2010	February	Arur Dalan（Kelapit）	Miri（Bario Highland）
	February	Bario Asal（Kelapit）	Miri（Bario Highland）
	February	Ulung Palang（Kelapit）	Miri（Bario Highland）
	August	Rumah Busang（Iban）	Miri
	November	Rumah Ranggong, Sungai Sah（Iban）	Miri（Niah district ）
	November	Rumah Umpur （Iban）	Miri（Niah district ）
	November	Rumah Ampan（Iban）	Miri（Niah district ）
	November	Rumah Usek（Iban）	Miri（Niah district ）
	November	Rumah Tinggang（Iban）	Miri（Niah district ）
2011	February	Batu Bungan（Penan）	Mulu（near Miri）
	February	Long Iman（Penan）	Mulu（near Miri）
	February	Long Terawan（Berawan）	Mulu（near Miri）

3　インタビューとフィールド観察

2007年から2011年にかけて、多様な民族グループを調査対象としてインタビュー調査を行った。さらに、筆者はマレー語を用いた聞き取りと現地観察による調査を実施した。現地調査の目的は、先住民族の文化・伝統的慣習に根差した環境世界観を詳細に解明することであった。現地調査は内陸森林地域の50サラワクロングハウスに及ぶ、さらに、186ケニァ族、146イバン族、66プナン族、57カヤン族、30クラビット（Kelabit）族、24ビダユ（Bidayuh）族及び6ブラワン（Berawan）族の総計515人を対象とした。

プライバシー保護の観点から、被面接者の個人情報は特段の断りがない限り非公表の情報として扱った。インタビューの質問事項は、自然環境に対する先住民族の価値体系などを問うことを目的に構成した。インタビュー調査を通じて目指したのは、先住民族の環境思想及び価値観の一般的な特徴を捉え、その概念に照らして現実世界の問題に対するアプローチの仕方を検討することであった。インタビュー・取材を通じて焦点を当てたのは、主として以下の項目である。

①自然環境の選好。代々受け継いできた先住慣習地・森林（native customary land and forest）、特に、将来の世代のために完全に保護されている共有土地と森林（totally protected communal land and forest）に対して与えられた意味や価値（文化的価値、cultural value、共有価値、communal valueなど）。慣習地とは伝統的所有地であり、後述するように3つのカテゴリー、つまり、Pemakai menoa（パマカイ・メノア）、Temuda（テムダ）及びPulau Galau（プラウ・ガラウ）に分類されている。

②将来の世代に対する自然環境、特に、上記の共有土地と森林においての道徳的な責任（道徳価値、moral value）と、そのほか、存在価値（existence value）及び遺贈価値（bequest value）。そこでの存在価値は、先住民族の共有土地・森林を含めた慣習地・森林が存在する事実のみに見出される

非利用価値である。一方では、以下に示す「場所」と「空間」に関連する遺贈価値は将来世代がその環境資源を利用することに対して見出されるという利他主義的（altruism）・非利用的価値である（例えば、Krutilla 1967、McConnell 1983 参照）。

③土地と森林に対する「場所」と「空間」（sense of place）への選好。「場所」と「空間」とは、環境に付された帰属意識、意味や価値などと定義される（例えば、Semken 2005；Kenter *et al.* 2015 参照）。本稿では、「場所」と「空間」について、前述の通り共有土地と森林を含めた慣習地・森林あるいは先住民族の周囲の自然環境に対する所有・共有の文化・伝統に基づく信条を意味する（文化的意味、cultural meaning、「場所」と「空間」的価値、sense of place value）。「場所」と「空間」的価値は自然環境あるいは自然・森林景観選好の範囲にわたって重層的に重なり合い、現地の先住民族においては、森林地帯と市街地をめぐる知覚や心理構造を検討することによって捉えることができる。さらに、現地の人々が森林に覆われた地域または市街地に住むことを好むかどうか、市街地に住む場合と比較して森林地帯に住み込むことが精神的な満足を与えるかどうか、あるいは風光明媚な森林地帯に暮らして美学的に快く思っているかどうか、という様々な観点から検討することで、一連の環境価値、つまり、心理価値（psychological value）や美的価値（aesthetic value）などを捉えることができる。「場所」と「空間」も、現地の人々の自然環境に対する愛着心、あるいは木々や山河に対する敬意を観察することによって、親類関係価値（kinship value）の存否の観点から確認することができる。

④土地と森林の損失に対する受入意思額（willingness to accept compensation）。自然環境に付された価値及び人間と環境との相互関係（非人間中心主義的・生態系中心的価値、non-human centered and ecocentric value）。

以下に村人の現地調査について、幾つかのインタビュー内容を事例として紹介する。

2008 年に Long Bala 居住のケニァ族に、環境概念及び伝統的な土地利用について尋ねた。さらに、地域社会において自然環境をどのようなものとして認識するか、どうようにあるべきか、どう評価するかを質問したところ、部族の第 7 世代の部族長によれば次の通りであった。

我々は少なくとも 500 年前から、この森林地域に居住してきた。この居住地の森林・土地はこの村の人々にとってはとても大切な天然資源であり、満足や楽しみの場所である。その先祖から受け継いだ土地・森林は、交換や売買の対象ではない。政府が幾ら支払ったとしても、我々は売らない。我々は先祖に対する義務的責任があり、将来の世代のため、この森林・土地を持続的に利用し、保護しなければならない。

他の被面接者、例えば、Roslin（41 歳）、Mering（41 歳）及び Usen（48 歳）なども部族長の意見を認め、物質的に豊かではないにもかかわらず自然環境と相互的に関わり合い共生することがとても楽しいと述べた。さらに彼らは、市街地よりも森林地帯に住み込むことが精神的な満足をもたらすと述べた。

2008 年に Long Apok 居住のプナン族へのインタビューで、部族長 Junie Latin は以下のように述べた。

もちろん、我々は先祖から承継した森林・土地に敬意と愛情を抱いている。我々はその自然資源に対して崇敬の念を持ち、補償金額に関わりなく他人への売却は考えられない。先祖が植えた木を眺めることは、この上ない喜びである。森林に深く結びつき、緑に覆われて暮らすことで喜びが湧いてくる。

他の村人の Udau（30 歳）、Jackson Lavang（39 歳）、Joy Bunyi（30＋歳）、Alo Jackson（20＋歳）も同様に、自然環境と人間との相互依存関係を強く信じており、先祖から受け継いだ慣習地の環境価値（専門的に言えば、本質的価値・内在的価値、intrinsic value）は貨幣や物質的な便益に比較・転換することができないと強調した。彼らは、市街地よりも森林地帯に住み込む傾向にある。

2008年にインタビューしたLong Wat居住のプナン族のSaran（43歳）、Baya（50+歳）、Juman（50+歳）、Labang（32歳）、Jakun（22歳）、Edin（22歳）、Dywa（24歳）、Sati（26歳）は、人間と自然との協調的な共存を重視し、市街地よりも森林地帯に暮らすことを好む傾向を強く示した。彼らは将来の世代のために先祖から受け継いだ慣習地を保護することが、文化的、伝統的な社会システムにおいては義務付けられていることを明らかにした。

2009年、Long Lawen居住のケニァ族に、環境概念及び伝統的な土地利用について尋ねた。部族長のガラ・ジャロンによれば、次の通りである。

土地と森林は「先祖からの領地」（Datuk Nenek Moyang Temuda）である。我々は21,700ヘクタールの森林・土地を所有する。我々の慣習（アダット、adat）により、将来世代に良好な状態で遺贈すべく、11,900ヘクタールの森林・土地が完全に保護される。それは我々の文化的義務であり、守らなければならない。完全に保護された資源は、共有の土地・森林（communal land and forests）と呼ばれる。そして、持続的な土地利用を促進するため、各家庭は家族の人数に従って二次林の中の4－8ヘクタールの傾斜地を利用し、移動式焼畑に陸稲を栽培する。一度農業を行った土地でも、休閑すれば何度でも利用することができる。このような移動式の農法により、土地と森林を永続的に利用することができる。それは森林生態系にも調和した、持続可能な資源利用・管理、つまり、プサカ土地利用制度（Pusaka land use system）と言える。

ロングハウス・コミュニティのメンバー、つまりJuk Nyok Along、Loong Lian、Siting Selong、Suti Lawa、Nyanting Anyie、Julit、Sam、Chuらは、部族長の話に同意した。彼らはロングハウス周辺の自然環境に敬意を持ち、市街地よりも森林地帯に住み込むことが精神的、美学的に快いと述べた。彼らは部族のアダットに沿いながら、持続的な資源利用・管理を行っている。

上記のアダットは慣習法であり、環境信念、社会規範、伝統慣行あるいは文化的価値観である。さらに、先住民族はその慣習法に基づき、生活、日常的な人間と自然との相互依存関係、社会の営み及び文化信仰などを統制している。そして、森林・土地を利用するに際して、良好な自然環境を次世代へ継承するため、自然環境に重大な不可逆的被害を与えないように天然資源の持続可能な管理及び効率的な利用を倫理学的に義務付けられている。

Datuk Nenek Moyang Temuda（先祖の領域、ancestral domain）は、先住民が大昔から住んできた領域である。歴史的にその領域は、先住民族の文化的なアイデンティティや土地に対する愛着を形成する。以下述べるように、先住民族の土地利用システム・慣習的な土地制度は、その伝統的な概念に基づいて構築される（図 10-2）。

① Pemakai menoa（パマカイ・メノア）とは、村の敷地や森林、水域、農地、他の資源を含む生活領域の土地のことである。

② Temuda（テムダ）とは、焼畑・耕作などを含む農地としての土地のこ

図 10-2　Long Lawen における先住民共同体での土地利用システム（プサカ、Pusaka）

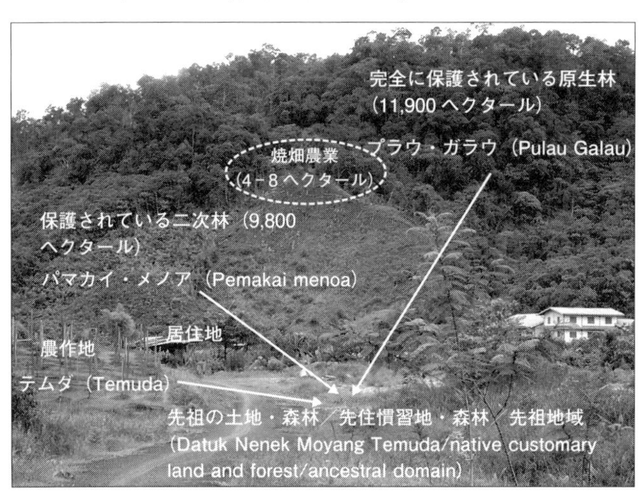

出所：Long Lawen の調査から作成（2009 年 1 月 21 日、Choy 撮影）（Choy・大沼 2014）。

とである。

③ Pulau Galau（プラウ・ガラウ）とは、主に原生林のことである。「プラウ」は、川の水源、狩猟採取あるいは果物や薬草を含む森林資源採取の場でもある。

4　他のインタビュー：概要

より広範なデータを確保するため、さらに多くの農村を訪ねてインタビューを行った。現地調査では上記と同様に、村人の世界観、文化価値などについて尋ねた。調査の結果は以下の通りである。

① Mudung Ambun ロングハウス（ケニァ族）:「先住民族は土地・森林を所有しないと生きていけないだろう。その資源は我々の生命の一部である」と、ロングハウス部族長が述べた（2007 年 5 月）。

② Long Apok ロングハウス（プナン族）:「もちろん、我々は土地・森林に対する深い愛情を持ち、それは切り離すことができない。また、我々は所来の世代のために、その自然環境を持続的に利用し、保護しなければならない」と、ロングハウス部族長が述べた。他の村人、例えば、Jaya Udau、Jackson Lavang、Joy Bunyi も、部族長の意見に賛同し、文化的、伝統的に自然環境と生活を切り離すことができないと主張した（2008 年 5 月）。

③ Rumah Jalong ロングハウス（ケニァ族）:「我々は一人ずつ必ず土地を持っている。土地を所有しない限り、我々の人生は辛いものとなる。我々はこの先祖から継続した風土と深く結びつき、切り離すことはできない。我々の先祖もこの風土の周辺に「居住している（埋葬されている）」と Ejam 氏が述べた。Lerah 氏は、「我々はカネだけでは生きていけない。何故なら、土地・森林は我々の社会構造の一部であり、代々守っている所だからだ。一旦、その慣習的な自然環境を損失すると、我々の人生の安全感も失われて、精神的に乏しくなるたろう」と述べた。

④ Kampong Gumbang 農村（ビダユ族）：現地の人々に尋ねたところ、John、Rasang、Anyan、Jipep などは、慣習地に伝統的・文化的に深い関係を持っていると述べた。Jipep 氏（56歳）は、「政府や業者などが幾ら支払っても、私は自分の土地・森林を売却しない。何故なら、その所有地は私にとってとても大切な資源だからである。私は貧乏だが、慣習地に居住するだけで日常生活は精神的に満たされる」と強調した。

⑤ Batu Bungan and Long Iman ロングハウス（プナン族）Long Terawan 農村（ブラワン族）及び Kampong Gumbang 農村（ビダユ族）：面接を受けた村人は全て、上述のような文化的、伝統的な世界観を持ち、自然環境に深い結びつきを感じていた。例えば、Batu Bungan の Ukau Lupung 氏（52歳）は、「土地・森林を所有しない限り、我々は人生の迷子になるだろう」と述べた（2011年2月）。他の村人、例えば Long Iman ロングハウスの Raymond Lejau、Bulan Osong、Pengiren Juga 及び Long Terawan 農村の Nicholas Ugum、Paulus Banda、Michael Ugum なども、同様な環境概念を抱いていた（2011年2月インタビューによる）。

総じて、現地調査において、先住民族は伝統的に自然環境に対する文化的・倫理学的な発想を持ち、先祖から継続した慣習地を持続的に利用し、保護する意欲が極めて高いことが明らかとなった。調査結果は、以下のように要約できる。

①面接を受けた村人は一致して、アダットに縛られ、次世代のために持続かつ効率的な資源利用をし、自然環境を保護しようとする傾向にある。さらに、先住民族は自然環境に対する役受託責任（stewardship）の信念を強く抱いており、自然環境の賢明な管理に努めている。

②地域のコミュニティでは慣習地に対する敬意が持たれており、人間と自然との調和的な深い関係が築かれている。慣習地は生計の手段としてのみならず、精神的な支え、そして先祖の居住地として扱われている。

③市街地での暮らしを経験した村人の大半は、市街地に住むよりも森林地

帯に住み込む方が精神的・美学的に快いと感じている。

これまでのところ、先住民族の土地倫理学及び環境思想・態度については十分述べてこなかった。次節では、そのことについて検討する。

5　調査結果：土着の価値観と土地使用哲学

回答者の所属する土着グループの違い、つまり部族言語や視点の相違、住環境の違いにもかかわらず、全ての回答者は一致して土地・森林の文化的・精神的な重要性を認識している。本質的に、地域コミュニティが自らの所有地・森林をどのように認識、構成し、評価しているかは、自らを自然環境に対してどのように位置付けるかによって決まる。そこでアダットは、決定的な役割を果たしている。より具体的には、アダットは統一システムとして過去、現在と未来の世代を結びつけ、文化及び社会を統合する。そしてアダットは、先住民族における自然環境との交流に特定の倫理や道徳的原則を引きつける。さらにアダットは、地域コミュニティと環境との関わりにおいて正当なことと不当なことを指し示す。

先住民族は倫理的、環境的、哲学的な知恵に基づいて全体論的な（holistic）姿勢を持ち、日々向き合う自然環境に対して崇敬の念を抱いている。そして、地域社会の生活圏は伝統的・文化的な力に応じて、人と自然（土地・森林）間の相互関係の意味及び価値を感情的・道徳的に表示する。従って、総じて地元の村人には、自然と調和した生活基盤を構築しようとする意欲が強い。現地調査によれば、全ての回答者は一致して、日々の生活を営む慣習地は神聖な意義を持ち、次世代のために持続的に利用・保護しなければならない対象だと考えている。それは伝統的な受託者責任（stewardship）であり、先祖に対する道徳的な義務である。その道徳規範は過去の数世紀にわたって遵守されてきており、地域社会の個々人は結果と結びつけることなくその規範に従っている。さらに、そのような義務論的な態度は、土地を先祖の精霊が宿る対象として捉える Long Lawen の地域社会においては特に顕著である。同じように、自然環境と深く結びついた生活を営むプナン族にも、そのような義務論的な傾向は根強い。

アダットに基づいた先住民族と自然との関係性には、愛情や崇敬の念が介在している。それらの感情は、総合的に人間と自然との共生を可能としている。その心理的な共生概念は、文化的関係、精神的意味、世代間倫理及び伝統文化などといった様々な糸とつながっている。言い換えれば、人と自然とのつながりの意味、あるいは環境意識は、総合的に土地の本質的価値（intrinsic value）を反映している（図10-3）。本質的価値は自然そのものの価値や、それ自身の目的のための価値であり、利用とは無関係な価値である（Choy 2014；2018c）。

先住民族と自然との深い精神的な関係ないし共生概念は、様々に重なり合い連なり合う本質的価値に支えられる。さらに、自然環境に対する先住民族の世界観は多様な価値観に結びついており、一つの価値から次の価値が導き出される関係にある。先住民族の世界観を醸成する上で、それぞれの価値観がどれほどの影響を及ぼしているかは、自明ではない。最も重要な本質的価値とは、以下のようなものである（図10-3）。

5-1　精神的・親類関係価値とそれに関連する価値

サラワク州の先住民族にとって共有自然資源を含めた慣習地・森林は、単に生活領域であるだけでなく、先祖の神聖な居住地、血族的に結びついた思い出の宝庫であり、帰属感や伝統文化などと深く結びついている。自然をめぐる複雑な関係性からは、先住民族の多様な価値観を垣間見ることができる。先住民族と自然との関係性は、全般的に非利用価値（non-use value）の範疇に位置付けることができる。厳密に言えば、それは親類関係価値（kinship value）を反映したものである。具体的には、親類関係価値は精神的・霊的あるいは畏敬の念を込めた信念と結びついた価値であり、目に見えない先祖の力（ancestral force）によって形成される。親類関係価値は不朽かつ協力的な深い道徳的親類関係の結びつきをもたらす。そこで道徳的な感情は、同類、つまり過去（遠い先祖）、現在及び将来の世代に差し伸べられるのみならず、同

図 10-3　土着アダットとその環境哲学・理論的志向と環境保全行動の含意

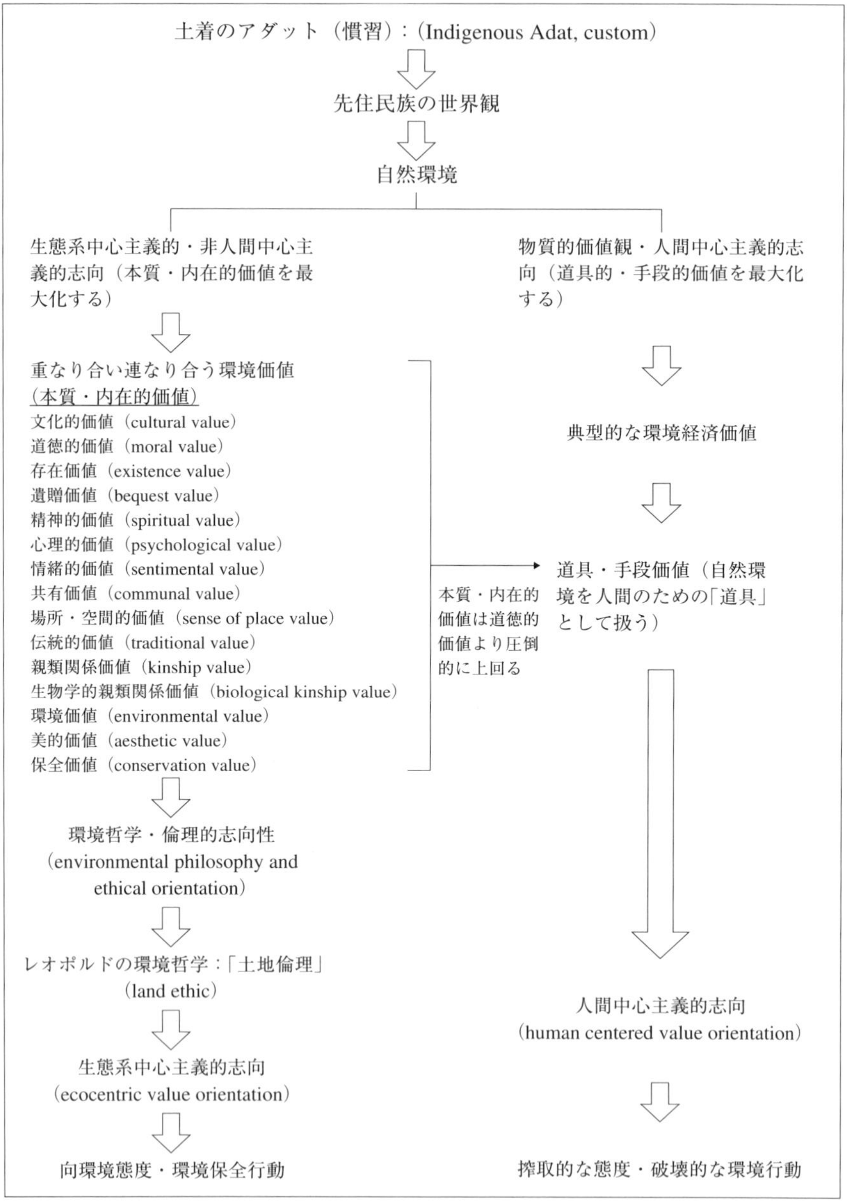

土着のアダット（慣習）：(Indigenous Adat, custom)

↓

先住民族の世界観

↓

自然環境

生態系中心主義的・非人間中心主義的志向（本質・内在的価値を最大化する）

↓

重なり合い連なり合う環境価値
(本質・内在的価値)
文化的価値（cultural value）
道徳的価値（moral value）
存在価値（existence value）
遺贈価値（bequest value）
精神的価値（spiritual value）
心理的価値（psychological value）
情緒的価値（sentimental value）
共有価値（communal value）
場所・空間的価値（sense of place value）
伝統的価値（traditional value）
親類関係価値（kinship value）
生物学的親類関係価値（biological kinship value）
環境価値（environmental value）
美的価値（aesthetic value）
保全価値（conservation value）

↓

環境哲学・倫理的志向性
(environmental philosophy and ethical orientation)

↓

レオポルドの環境哲学：「土地倫理」
(land ethic)

↓

生態系中心主義的志向
(ecocentric value orientation)

↓

向環境態度・環境保全行動

物質的価値観・人間中心主義的志向（道具的・手段的価値を最大化する）

↓

典型的な環境経済価値

↓

道具・手段価値（自然環境を人間のための「道具」として扱う）

本質・内在的価値は道徳的価値より圧倒的に上回る

↓

人間中心主義的志向
(human centered value orientation)

↓

搾取的な態度・破壊的な環境行動

類以外、すなわち自然環境にも投射される。後者は、生物学的親類関係価値（biological kinship value）と言える。

その霊的な力は、先住民族の自然に対する態度や行動に、文化的、哲学的、倫理学的な役割を果たしている。すなわち、文化的及び精神的価値（cultural and spiritual values）であると言える。先住民族においてその見えざる力は、いかに環境を認識すべきか（自然観）、自然環境にどのような価値を見出すべきか（価値観）、その環境の中で自らをどのように位置付けるか（哲学・倫理観）といった要素に左右される。そうした一つなぎの環境価値観及び哲学・倫理観は、先住民族の環境世界観と総称される。そうした世界観は、文化的に深く根差した「場所」と「空間」、そして保護対象地域として先住民族が土地・森林を捉えることを可能にし、持続的で賢明な環境資源の利用・管理（プサカ土地利用制度）の必要性を地域社会に教え込む。その環境意識・行動は文化価値、環境保全価値、倫理的価値（cultural value、conservation value、moral value）によって形成される。

5-2　道徳的な価値とそれに関連する価値

上記の分析を拡張すれば、先住民族は自然環境、つまり地域社会の共有森林（communal forest）によって道徳的な地位を与えられている。共有森林は、伝統的・文化的に世代間の公平性（intergenerational equity）を守るため、完全に保護される（文化価値、環境保全価値、倫理的・道徳的価値）。未来世代への責任はアダットに基づく道徳的責任であり、数世紀前から代々引き継がれている伝統的習慣である（伝統・文化的価値、世代間倫理的価値）。また、共有森林は象徴的に現世代を過去および将来の世代と結びつけており、過去と将来との間の絆になっている。さらに、伝統的に先住民族の共有森林は完全に保護されるべき地域と分類され、現地の人々は「管理者」として責任を負う。何故なら、伝統的な資源は先住民族の伝統文化の根源であるからである（親類関係価値あるいは生物学的親類関係価値、倫理的・道徳的価値、伝統文化価値など）。

5－3　美的価値とそれに関連する価値

調査地の地域コミュニティにおいて、土地・森林は審美的なものと見なされている。さらに、自然環境に対する情緒や道徳的な感情などを反映して（情緒的・道徳的価値、sentimental and moral value）先住民族は日々関わり合う緑の「場所」と「空間」に、非常に高い美的価値（aesthetic value）を与えている。その価値観は、地元の人々の道徳的な価値志向性（moral value orientation）との間で肯定的な関係にある。実際、緑地に対する美的感覚は心理的な幸せをもたらすものであり（心理的価値、psychological value）、市街地よりも情緒的・文化的意味をもった森林環境に住み込むことこそが喜びや精神的な満足（情緒的、文化的・精神的価値）をもたらすとする点で、全回答者は一致した。

5－4　道具的価値・手段的価値

しかしだからといって、先住民族のアダットが自然環境に対する態度を道徳的なもののみに厳密に規制しているというわけではない。道徳的な条件に加えて、アダットは先住民族が経済的ニーズに応じて、天然資源を経済的に利用することをある程度まで許容している。しかし同時に、自然資源を開発するに当たって、広範で侵略的、そして不可逆的な環境破壊は回避すべきものとして退けられている。厳密に解釈すれば、アダットは自然資源の道具的価値・手段的価値（instrumental value）を認めている。道具的価値とは、対象を他の何らかのものを実現するための道具として捉えた場合の価値のことである。すなわち、ここでいう道具的価値とは、人間中心主義的なこと（anthropocentrism）である。先住民族の焼畑農業は、その一例である[1]。

1　土着アダットは、先住民族の世界観、すなわち自然環境に対する信念・哲学や道徳規範に重要な役割を担っている。この環境世界観は、文化的関係、精神的意味、世代間倫理及び伝統文化などと様々な経路でつながっており、一連の環境の本質・内在的価値に反映されている。さらに、この環境の本質・内在的価値は道具的価値を圧倒的に上回っており、先住民族の環境哲学・倫理志向及び環境保全行動に決定的な役割を果たしている（図 10-4 に参照）。次節で述べるように、土着アダットはアルド・レオポルドの「土地倫理」と深く共鳴するものである。

6　先住民族の価値観：論理的検討

以上述べた環境価値観は、集合的に地域社会の人々の環境倫理学的思想に反映される。具体的には、先住民族のアダットに基づく世界観あるいは価値観では、自然との共生の思想と関わる道徳的な義務・責任を必然的に伴い、持続的に利用・保護していくことが求められている。人と自然との関係性を重視する環境概念は、非人間中心主義的（non-anthropocentrism）であり、厳密に言えば、生態系中心主義的（ecocentrism）である。その生態系中心主義的な志向性は、広範囲にわたる手つかずの自然環境を生み出している（図10-4）。先住民族の生態系中心主義については以下、概念的・論理的に検討する。

まず、生態系中心主義とは地球中心主義的な世界観（earth-centered world-view）であり、「生命圏平等主義」（biospherical egalitarianism）に基づいて、地球全体を守ることを主張している。その地球・生物中心主義（ホーリズム、holism）は、人間も含めてあらゆる生物、つまり自然全体の生態系の多様性を保持し、共生しようとする主張であり、ノルウェーの哲学者アルネ・ネス（Arne Naess）により提唱された「ディープ・エコロジー」（deep ecology）という環境思想である（Naess 1973）。さらに、その全体論的な（holistic）見方では、生態系における全ての存在物の存在が連関的であり、同等の本質・内在的価値を持っている。原則としてそれらの存在物は平等に扱われるべきであり、不当にその存在物を抑圧・侵害・殺戮することは許容されない。

しかし、その厳格な地球生命圏平等主義ないし「無限的な」道徳配慮は、現実的には達成することが不可能であると言わざるをえない。何故なら、人間の生活・社会経済活動はやむをえず自然環境に依存し、その社会的な要素を考慮に入れると、自然それ自体、本質（内在）の価値をありのままの状態で徹底的に保護・保存することが困難であり、非現実的だからである。例えば、前述の通り、先住民族の日常生活においても、現地の人々は自然環境への倫理的責任を守りながらも、手段的に伝統的な土地・森林利用（伝統的な焼畑農業）を遂行している。ある程度の環境の開拓（破壊）は避けられない

図 10-4　生態系中心主義と自然環境保全・保護との間の関係：Long Lawen における現地観察

注：筆者が 2009 年に Long Lawen 地域において実施した現地観察によれば、完全に保護されている共有地や森林は、長年にわたって、ほぼそのままの状態が維持されていた。
出所：Long Lawen の調査から作成（2009 年 1 月 21 日、Choy 撮影）。

のが現実である。

そこで本稿では、「環境倫理学の父」と呼ばれているアルド・レオポルド（Aldo Leopold）の環境哲学（environmental philosophy）、つまり「土地倫理」（land ethic）に基づいて、「生態系中心主義」を解釈する。レオポルドの「土地倫理」も非人間中心主義であり、生態系中心主義である。さらに、レオポルドの生態系中心主義の代表的な作品、*A Sand County Almanac* の邦訳『野生のうたが聞こえる』によれば、土地は土壌、水、植物、動物などを総称した生物共同体（biotic community）であり、「生態系」とほぼ同じ意味である（Leopold 1949）。また、レオポルドは、適切な土地利用を単なる経済的問題として捉えるのはやめるべき、と主張している（quit thinking about decent land use as solely an economic problem（Leopold 1949, 262））。従って、土地利用に際して我々は、自己抑制をすることが必要である。要するに、土地の健全性を守るため、天然資源を賢明に使用し、自然の暴力的な利用は自ら制約しなければならないということである。そのためには、人間と自然との間の倫理的関係を構築することが前提条件となる。我々は「人間中心主義（anthropocentrism）」的な見方、つまり生物共同体の征服者から脱却し、生態系中心主義（ecocentrism）的な見方への転換を果たすことが不可欠なのである。

我々人類は生態系と相互依存の関係にある一つ生命体に過ぎず、生物共同体の中の「一構成員、一市民」（plain member and citizen）であり、他の共同体メンバー（fellow members）を尊重すべきである、とレオポルドは述べた（Leopold 1949, 240）。我々の環境に対する行為には、自ずから制約が課されるべきなのである。そうした生物共同体としての道徳的な概念に基づいて、我々は共同体の健全性、つまり完全性（integrity）、安定性（stability）、及び美観（beauty）に対する責任を引き受けるものと考えるべきである（Leopold 1949, 262）。このような「環境中心主義（ecocentrism）」的な見方を促すため、我々は人間の利益を中心とした土地（環境）利用というよりもむしろ、土地に対する愛情、尊敬、称賛に根差して、その環境価値を高く評価すべき（love, respect, admiration and a high regard for its value）である（Leopold 1949, 223）。そこでいう価値とは、本質的価値、つまり哲学的な価値のことを意味する（Leopold 1949, 223）。

よって、生物共同体の「完全性」、「安定性」及び「美観」を保つ土地利用であれば正しく、そうでないものは不正である、とレオポルドは述べている（Leopold 1949, 262；Callicott 1989, 58）。行為の正・不正の倫理は、まさにレオポルドの「土地倫理」の眼目である。レオポルドは土地倫理を、「生態系的な良心」（ecological conscience）として、同時に「土地の健康」（the health of the land）を守るために負うべき「一人一人の責任」（individual responsibility）として定義する（Leopold 1949, 258）。端的にレオポルドの「土地倫理」は、持続可能な資源利用に向けられた最も重要な哲学的思考である（Choy 2014）。

レオポルドの「土地倫理」は、一切の自然環境の生態学的攪乱を禁じるものではない。彼が我々に求めるのは、土地の経済的な利用に際しても、破滅的・不適切な生態学的障害を避けるべく、道徳的責任を引き受け、自然保護の必要を常に念頭に置くよう自らに課すことなのである。レオポルドにおける自然保護とは、「技（skill）と洞察（insight）」を肯定的に働かせ、その資源を正常の状態（working order）に保つとともに、資源の乱用を常に自制することである（Leopold 1949, 164）。言い換えれば、自然から経済価値を引き抜く場合には、自然環境の生態系的な健全性を保つよう配慮しなければならないのである。生態系的な健全性とは、生物群が自己再生をする能力として定義される。このように、レオポルドは自然環境の本質・内在的特性のみならず、道具的な性質も認めている。自然環境の「内在的価値」を保護することで倫理的な責任を守りつつ、天然資源を効率的かつ持続的に利用することこそが賢明な資源利用として概念化されている（Choy 2014）。レオポルドの環境世界観はアルネ・ネスのディープ・エコロジカルな環境思想よりも実際的であり、現実的なものである。

まさにレオポルドの「土地倫理」は、上記で検討した先住民族の価値観・世界観、つまり倫理的、哲学的思考と深く共鳴するものである。先住民族は自然環境に対して崇敬の念を有しており、彼らの誰もが慣習地に属し、自然との相互依存に身をゆだねる共同体の一員なのである。そして、過去数百年の時をかけて進化してきたアダットに従い、土地・森林の完全性、安定性及び美観を道徳的に守ろうと努めている（図 10-3、図 10-4）。伝統的なプサカ土地利用システムの実践は、そうした姿勢の結果である。

7　先住民族の世界観の再検討、及び持続可能な開発にまつわるその含意

概略的にまとめると、土着のアダットは地元の先住民と土地・森林との何世代にもわたる日常的な相互作用に基づいて進化した慣習法である。アダットは一連の共通、かつ支配的な伝統的環境信念・世界観を構成し、土着の文化的アイデンティティを維持するため、その伝統的な環境思考体系は現地の住民が義務として順守しなければならない。さらに、土着の世界観はアダットに基づく一連の道徳的なガイドラインと一体となり、先住民族を取り巻く

自然との交流のあり方を指導するという機能を果たしている。言い換えれば、土着のアダットは倫理・道徳上の基軸として持続的な資源利用を促し、先住民族と自然との関与のあり方を倫理・道徳的に体系化する。土着のアダットは、先住民族が太古の昔から確立してきた自然（土地・森林）との分かちがたい共同体的関係と、上記した一連の環境価値を反映し、極めて精神的・感情的な意味を含んでいる（図10-4）。

地元のコミュニティは、彼らの世界観に基づいて醸成された倫理に従い、道徳的な責任感を持って環境に調和的な行動をとる。そうした環境調和的な行動は、上述のように先住民族における環境パーセプション・環境哲学（environmental philosophy）、倫理学（environmental ethics）、価値観（value system）の反映である。そうした環境認識は、人間中心主義的な環境思想とは大いに異なる。人間中心的な世界観は、自然に対して支配的な態度をとり、自然を検証、解剖、征服の対象たる道具的・手段的な環境資産として捉える利己的な環境思想である。一見して明らかな通り、土着の世界観は、生態系中心主義を前提とする点でアルド・レオポルドの「土地倫理」と親和的である。そこで、先祖の土地・森林を文化的、精神的な関わり合いとして定義し、人間は自然環境から切り離せない一部であることを実証的に示した。先住民族において土着の文化的アイデンティティや人間と自然との共生の観念を代々引き継ぐことができるかどうかは、土地・森林の健全性、レオポルドの言葉に直せば「全一性」、「安定性」、「美しさ」を保つことができるかによる。その成否を決めるのは、賢明な資源利用と環境保全行動の有無である。現地の部族は土地・森林を次世代のために保存するという道徳的な信念・世界観を抱き、それらの大部分を保護地域としている。

先住民族は心理的に、土地・森林に対する圧倒的に高度な生態系中心的な価値志向性を有している（図10-4）。自然に由来する価値観は、土地・森林資源の利用・管理に伴う道徳的責任を必然的に喚起する。こうして、先住民族は高い割合で手付かずの自然や荒野を残すことができるのである。道徳的な背景こそが、過去数世紀にわたって先住民族が先祖から引き継いだ慣習地・森林の生態系の健全性、つまり「全一性」、「安定性」、「美しさ」を保つことができた秘訣である。

一方で上記したように、先住民族の世界観は必ずしも生態系中心主義にのみ従って形成されるわけではない。それは、社会・経済的ニーズを維持するために自然環境を利用することの必要性を認め、生計のために周囲の森林生息環境にある程度手を加えること、すなわち資源を開拓するという手段的な環境利用が許容する。先住民において、自然環境は経済的（手段的）資源としても見なされているのである。とはいえその場合にも、自然環境の手段的な利用はあくまで適切かつ賢明になされなければならない、という伝統的な規制が課されることが普通である。つまり、森林資源を開拓するに当たっては、自然環境に破滅的・不可逆的な変化を与えることを避けるという伝統的な責任を守りつつ、全体的に自然の健全な機能を保護・維持するというのが彼らの生き方なのである。上述したプサカ土地利用制度は、その典型例と位置付けられる。

さらに、先住民族においては、長年にわたる土地・森林との共生関係の構築を通じて、様々な意味や価値が形成されている。例えば、環境の手段的価値、精神価値、美的価値、文化価値、倫理的・道徳的価値などは、一連のインタビューを通じて繰り返し表明された。先住民族の価値観・世界観は、本質的価値と手段的価値とがプラグマティックに入り交じって形成されているのである（図 10-3）。

現地の人々は、人間のニーズを満たす効用・利益（ユーティリティ、あるいは手段としての価値）を最大化するため、人間中心的な動機で自然環境を開拓し、環境にある程度必然的な破壊・劣化をもたらしてもいる。しかし、前述したプサカ土地利用制度にみられるように、先住民族は自然環境の損耗を最小化するための術を身につけている。環境保全に向けた先住民族の意図と行動は、社会経済の存続を主眼とするものなのである。それはいわば、効用の原理で人間の利益を維持するための、人間中心的かつ間接的な環境保全行動である。さらに、土着の自然環境開拓において、調和的な環境行為に至る信念・心理は、ブルントランドの持続可能な資源利用と環境保全の両立性概念と一致していると言わざるをえない。

その上に、先住民族の価値体系の重心は明らかに、非人間中心・生態系中心的な本質的（内在的）価値の方に置かれている。それは常に環境に対する道徳的判断と密接に関連し、自然環境や生命に対する伝統的・倫理学的義務、つまり良心と結びついた責任を、拘束力をもって支える。こうした自然に対する倫理学的・道徳的思想こそが、先住民族のアダットが示す信念・世界観である。アダットはつまるところ、環境価値の総計に対して本質的価値を最大化することを求め、自然環境の「全一性」、「安定性」、「美しさ」の保護を要求するものなのである。以上より、先住民族の世界観は、人間中心主義と生態系中心主義の混交物であり、人間の経済的な利益を確保しつつ環境の保護を目指すという、プラグマティックな概念であると結論できる。

先住民族の世界観から得られた教訓は、人間と自然との結びつきや環境態度、環境行動意図・行動、環境価値観につながっている。人間はそのつながりに基づいて、自然環境に対する価値判断を行い、環境に対して自らを位置付け、環境に対するあり方を決める。環境が本質的に歪められそうな局面では、保全の観点から非人間中心的・生態系中心的な環境態度・意図・行動をとる傾向にある。一方で、環境の手段的な利用に歪みが生じたら、経済的・利己主義の観点から、限定的に人間中心的・物質的な環境態度・意図・行動をとるという性向がある。その場合の振る舞いとは、自然征服者のそれである。その思想は、人間の際限ない欲求を背景として、自然の無制限の開発に帰結する。従ってあらゆる環境破壊、とりわけ生態系の破壊、熱帯雨林の乱獲、地球温暖化などは非持続的な開発である。地球環境問題の核心は環境にまつわる人間の近視眼的な態度にあり、その根本には道徳的な課題が横たわっているのである。

持続可能な開発を促進するには、賢明かつ持続的な環境資源の利用が必要不可欠である。だからこそ、環境問題を真摯に受け止めるべく、人間は自然に対する倫理的な責任を負わなければならない。現地調査・研究の結果からは、そうした結論が導出できる。先住民族の世界観は、人間の倫理的・道徳的責任・行動が成り立つ条件を示唆している。自然環境に対する倫理的・道徳的な責任・行動へと向かうには、自然を征服・支配の対象として捉える人間中心主義的倫理観から脱却し、自らを自然界と相互に依存し合う生命共同体の一部として捉えなおし、自然への愛情や尊敬の念に向き合うことが必要なのである。そうした思想は、徐々に一人一人の人間の世界観・価値観を倫理的、哲学的に変革し、負から正へと環境行為を転換する役割を果たすだろう。

環境倫理学、哲学は、今後における人類文明の存続、すなわち持続可能な開発という課題に大きな意味を持つことに、改めて注意を喚起しておきたい。

8　おわりに

本章は、マレーシア・サラワク州における現地調査を通じて、先住民族の世界観、価値観及び環境保全との間の相互関係と、持続可能な開発にまつわるその含意について実証的・理論的に分析した。先住民族の世界観は、太古の昔から引き継がれ進化してきた土着のアダット（慣習法）に基づく文化的、倫理的・道徳的概念によっており、先住民族と自然環境との間の共生関係と密接に結びついている。その関係性は、先住民族の自然観、価値観、とりわけ本質的・内在的価値観や倫理観に基づいて形成されたものであり、非人間中心的・生態系中心の概念に従って自然全体の健全性を確保しようとする向環境的態度・行動の帰結と言える。

先住民族の世界観は、必ずしもあらゆる自然や生き物をありのままに保護・保全しようとするものではない。土着のアダットにおいても、自然環境を経済的資源として手段的に利用することは許容されている。しかしながらその場合にも、自然全体の健全性を守るための適切かつ賢明な配慮が求められている。先住民族の世界観は、プラグマティックな環境思想なのである。過去数世紀の時を経て現在に至る先住民族の世界観の下では、人は道徳・倫理学の脈絡に依存しつつ、自然界と相互に関わり合って共生する。原住民族が全体論的な環境思想を抱き、一人一人の地域コミュニティにおいて人間は自然の一部であり征服者ではないとの思想・態度を持つに至るのは、こうした事情を背景としているのである。個人的な経済的利益（利己主義、self-interest）と集団的利益（collective interest）とが衝突する場合、先住民族は土着アダットに縛られつつ、環境へ破滅的・不可逆の環境破壊を避けるべく自制心を働かせることが求められる。その非人間中心主義的・生態系中心主義的な環境保護意識・行動は、先住民族が自然環境の健全性を維持しようと代々努めるなかで形成されるものなのである。

興味深いことに、様々な環境思想や価値観を織り込んだ先住民族の世界観は、アルド・レオポルドの唱えた「土地倫理」と密接に関連している。そのことは、世界の現状に対処する上で、先住民族の世界観が環境哲学・環境倫理学的に重要であることを示唆している。まさに、今日において我々が直面している地球環境問題は人為的な問題であり、道徳的な課題なのである。それらの問題を緩和し、解決へと導くことができるのは、人間をおいて他にない。今日世界が直面する開発の持続可能性の問題に向き合う上で、人間中心主義から非人間中心主義へと環境哲学・倫理学上の転換を果たすことは、ますます差し迫った課題なのである。

参考文献

Callicott, J. B.（1989）*In Defense of Land Ethic*: *Essays in environmental philosophy*, Albany, State University of New York Press.

Choy, Y. K.（2004）"Sustainable Development and the Social and Cultural Impacts of Dam-induced Development Strategy: The Bakun experience," *Pacific Affairs*, vol. 77, Issue 1, pp. 50–68.

――――（2014）"Land Ethic from the Borneo Tropical Rainforests in Sarawak, Malaysia: an Empirical and Conceptual Analysis," *Environmental Ethics*, vol. 36, Issue 4, pp. 421–441.

――――（2018a）"Sustainable Development and Environmental Stewardship: The heart of Borneo paradox and its implications on green economic transformations in Asia," in, Hsu, S.（ed.）, *Routledge Handbook of Sustainable Development in Asia*. Oxon. New York, Routledge, pp. 532–549.

――――（2018b）"Cost-benefit Analysis, Values, Wellbeing and Ethics: An indigenous worldview analysis," *Ecological Economics*, vol. 145, pp. 1-9.

Fransson, N. and T. Gärling（1999）"Environmental Concern: Conceptual definitions, measurement, methods, and research findings," *Journal of Environmental Psychology*, vol. 19, Issue 4, pp. 369-382.

Kaiser, F. G., M. Ranney, T. Hartig, and P. A. Bowler（1999）"Ecological Behavior, Environmental. Attitude, and Feelings of Responsibility for the Environment," *European Psychologist*, vol. 4, Issue 2, pp. 59-74.

Kenter, J. O. *et al.*（2015）"What are Shared and Social Values of Ecosystems?," *Ecological Economics*, vol. 111, pp. 86–99

Krutilla, J. V（1967）"Conservation Reconsidered," *American Economic Review*, vol. 57, Issue 4, pp. 777-786.

McConnell, K. E.（1983）"Existence and Bequest value," in *Managing Air Quality and Scenic Resources at National Parks and Wilderness Area*, eds. by Rowe, R. D. and L. G. Chestnut, Boulder, Colorad, Westview Press, pp. 254-264.

Leopold, A.（1949）*A Sand County Almanac*, New York, Oxford University Press.

Naess, A.（1973）"The Shallow and the Deep, Long-Range Ecology Movement: A summary," *Inquiry*, vol. 16, Issue 1, pp. 95-100.

Schultz, P. W., V. V. Gouveia, L. D. Cameron, G. Tankha, P. Schmuck, and M. Franěk（2005）"Values and Their Relationship to Environmental Concern and Conservation Behavior," *Journal of Cross-Cultural Psychology*, vol. 36, Issue 4, pp. 457-475.

Semken, S.（2005）"Sense of place and place-based introductory geosciences teaching for American Indian and Alaska native undergraduates," *Journal of Geoscience Education* vol. 53, Issue 2, pp. 149–157.

アルド・レオポルド著，新島義昭訳（1997）『野生のうたが聞こえる』講談社学術文庫.

Choy, Y. K.・大沼あゆみ（2014）「サラワク熱帯林での先住民社会の持続的生物多様性利用と伝統的知識」『環境経済・政策研究』第7巻第1号，pp. 69-73.

執筆者略歴（執筆章順）

一ノ瀬大輔　（いちのせ　だいすけ）［第 2 章］

立教大学経済学部准教授.
1982 年生まれ．慶應義塾大学大学院経済学研究科後期博士課程単位取得退学．慶應義塾大学助教（研究），東北公益文科大学専任講師を経て現職．博士（経済学）．主な業績：“On the Relationship between the Provision of Waste Management Service and Illegal Dumping”（共著）, *Resource and Energy Economics*, 33, pp. 79–93, 2011

斉藤崇（さいとう　たかし）［第 3 章］

杏林大学総合政策学部教授.
1973 年生まれ．慶應義塾大学大学院経済学研究科後期博士課程単位取得退学．慶應義塾大学グローバルセキュリティ研究所，鹿児島国際大学経済学部を経て現職．博士（経済学）．主な業績：「日中の家電リサイクル制度の比較と検討」『中央大学経済研究所年報』，第 49 号，pp. 419–433，2017 年 10 月．“A Survey of Research on the Theoretical Economic Approach to Waste and Recycling,” in M. Yamamoto and E. Hosoda eds., *The Economics of Waste Management in East Asia*, Chapter 2, pp. 38–53, Routledge, April 2016.

井上恵美子（いのうえ　えみこ）［第 4 章］

京都大学大学院経済学研究科／白眉センター准教授.
京都大学大学院経済学研究科博士後期課程修了．京都大学大学院経済学研究科講師を経て現職．博士（経済学）．主な業績：“A New Insight into Environmentalinnovation: Does the maturity of environmental management systems matter?”（共著）, *Ecological Economics*, 94, pp. 156–163, 2013

坂上紳（さかうえ　しん）［第 5 章］

熊本学園大学経済学部准教授.
1980 年生まれ．慶應義塾大学経済学研究科後期博士課程修了．慶應義塾大学経済学部助教，上智大学地球環境学研究科特別研究員の経歴を経て現職．博士（経済学）．主な業績：Shin Sakaue, Koichi Yamaura and Toyoaki Washida (2015) “Regional and Sectoral Impacts of Climate Change Under International Climate Agreements,” *International Journal of Global Warming*, 8 (4), pp. 463–500.

樽井礼（たるい　のり）［第6章］

ハワイ大学マノア校経済学部教授.
1974年生まれ. コロンビア大学研究員, ハワイ大学マノア校助教授, 准教授を経て現職. 農業・応用経済学博士（ミネソタ大学, 2004年）.
主な業績："Cooperation on Climate-Change Mitigation"（共著）, *European Economic Review*, 99, 2017, 43-55; "Emissions Trading, Firm Heterogeneity, and Intra-Industry Reallocations in the Long Run"（共著）, *Journal of the Association of Environmental and Resource Economists* 2(1), 2015, 1-42.

新熊隆嘉　（しんくま　たかよし）［第7章］

関西大学経済学部教授.
1970年生まれ. 京都大学大学院人間・環境学研究科単位取得認定退学. 東京外国語大学外国語学部准教授を経て2008年より現職. 博士（人間・環境学）. 主な業績："Tax versus Emissions Trading Scheme in the Long Run"（共著）, *Journal of Environmental Economics and Management* 75: pp. 12-24.　Takayoshi Shinkuma (2007) "Reconsideration of an Advance Disposal Fee policy for end-of-life durable goods," *Journal of Environmental Economics and Management* 53: 2007, pp. 110-121.

山本雅資（やまもと　まさし）［第8章］

富山大学・極東地域研究センター・教授.
1972年生まれ. 慶應義塾大学大学院経済学研究科後期博士課程修了. 慶應義塾大学GSEC助教などを経て現職. 博士（経済学）. 主な業績："The Socially Optimal Recycling Rate: evidence from Japan"（共著）, *Journal of Environmental Economics and Management, Elsevier*, 68 (1), 2014, pp. 54-70.

チョイ・イー・ケエヨン（Choy Yee Keong）［第10章］

慶應義塾大学経済学部訪問研究員.
1956年生まれ. 慶應義塾大学経済学研究科後期博士課程単位取得退学. 総合地球環境学研究所招聘研究員, 京都大学経済学部・経済学研究科特定助教を経て現職. 博士（経済学）.
主な業績："Sustainable Development and Environmental Stewardship: the Heart of Borneo Paradox and its Implications on Green Economic Transformations in Asia," in, Hsu, S. (ed.), *Routledge Handbook of Sustainable Development in Asia*. Routledge, Oxon. New York, 2018, pp. 532-549, "Cost-benefit Analysis, Values, Wellbeing and Ethics: An Indigenous Worldview Analysis," *Ecological Economics*, vol. 145, 2018, pp.1-9. など.

編者略歴

細田衛士（ほそだ　えいじ）［第1章］

中部大学経営情報学部教授，慶應義塾大学名誉教授.
1953年生まれ．1977年慶應義塾大学経済学部卒業，80年同経済学部助手，82年同大学院経済学研究科博士課程単位取得退学，87年同大学経済学部助教授，94年同大学経済学部教授を経て現職．博士（経済学）.
主要著作に『資源循環型社会——制度設計と政策展望』（慶應義塾大学出版会）『グッズとバッズの経済学——循環型社会の基本原理（第2版）』（東洋経済新報社）『資源の循環利用とはなにか——バッズをグッズに変える新しい経済システム』（岩波書店）など多数.

大沼あゆみ（おおぬま　あゆみ）［第9章］

慶應義塾大学経済学部教授.
1960年生まれ．1983年東北大学経済学部卒業，88年同大学院経済学研究科博士後期課程単位取得退学，88年同大学経済学部助手，89年東京外国語大学専任講師，2001年慶應義塾大学経済学部助教授を経て現職．経済学博士.
主要著作に『生物多様性保全の経済学』（有斐閣），“Comparing Green Infrastructure as Ecosystem-Based Disaster Risk Reduction with Gray Infrastructure in Terms of Costs and Benefits under Uncertainty: A theoretical approach” *International Journal of Disaster Risk Reduction*, 32, 2018, pp. 22-28 など.

環境経済学の政策デザイン
——資源循環・低炭素・自然共生

2019年 5月30日　初版第1刷発行

編著者————細田衛士・大沼あゆみ
発行者————依田俊之
発行所————慶應義塾大学出版会株式会社
〒108-8346　東京都港区三田 2-19-30
TEL〔編集部〕03-3451-0931
〔営業部〕03-3451-3584〈ご注文〉
〔　〃　〕03-3451-6926
FAX〔営業部〕03-3451-3122
振替　00190-8-155497
http://www.keio-up.co.jp/
装　丁————Boogie Design
印刷・製本——藤原印刷株式会社
カバー印刷——株式会社太平印刷社

Printed in Japan　ISBN978-4-7664-2600-7